PS魔法师

MAGICIAN

人人都能学会的P图书

云山虎影 著

内 容 提 要

这是一部专门教读者怎样以简单、有效的方法瞬间P出唯美、有思想，并耐人寻味的好作品的书籍。

它没有高深的理论，没有故弄玄虚，没有复杂的线条框框和烦琐乏味的线条参数，而是以通俗易懂的讲解和简单高效的实际操作，带读者进入一个精彩纷呈的PS王国。实际操作中包含作者约一万个小时的P图经验，从初学者的角度出发，详细讲解如何使用Photoshop对摄影作品进行后期P图，让读者看过此书和附带的教学视频后，顿时脑洞大开，产生无穷无尽的摄影和P图思路：原来摄影可以这样玩，照片可以这样P，而且可以P得这样美，思路可以这样宽广。

图书在版编目(CIP)数据

PS魔法师 / 云山虎影著.—北京：北京大学出版社，2019.1
ISBN 978-7-301-29972-2

Ⅰ.①P… Ⅱ.①云… Ⅲ.①图象处理软件 Ⅳ.①TP391.413

中国版本图书馆CIP数据核字(2018)第239020号

书　　名 PS魔法师
PS MOFASHI
著作责任者 云山虎影　著
责 任 编 辑 吴晓月
标 准 书 号 ISBN 978-7-301-29972-2
出 版 发 行 北京大学出版社
地　　址 北京市海淀区成府路205 号　100871
网　　址 http://www.pup.cn　　新浪微博: @ 北京大学出版社
电 子 信 箱 pup7@ pup.cn
电　　话 邮购部 010-62752015　发行部 010-62750672　编辑部 010-62570390
印 刷 者 北京中科印刷有限公司
经 销 者 新华书店
787毫米×1092毫米　16开本　19印张　377千字
2019年1月第1版　2019年1月第1次印刷
印　　数 1-4000册
定　　价 99.00 元

未经许可，不得以任何方式复制或抄袭本书之部分或全部内容。
版权所有，侵权必究
举报电话：010-62752024　电子信箱：fd@pup.pku.edu.cn
图书如有印装质量问题，请与出版部联系。电话：010-62756370

想，让看过此书和附带的教学视频的读者，顿时脑洞大开，产生无穷无尽的摄影和 P 图思路：原来摄影可以这样玩，照片可以这样 P，而且可以 P 得这样美，思路可以这样宽广。这就是笔者编写此书的目的。

全书共分六大章，分别是 P 之前（前期拍照的准备工作）、P 之选（拍完之后照片的筛选艺术）、P 之想（修图思想与美学）、P 之技（P 图实战案例）、

P 之专（展示系列专题作品前后期照片对比）和 P 出一片天（天马行空、别具一格的 P 图作品展示）。

尤其是第四章 P 之技，笔者通过 27 讲 85 个常用的 P 图视频，浅入深出地讲解了每一讲需要重点解决的 P 图问题，教读者怎样把照片修得既光彩照人，又不失真。每一讲都附有几个实战案例的视频和相应的作品赏析，以加深读者对 P 图思路和实战操作的认知。读者可以通过扫描每节的二维码观看实战视频，如果不想看广告，也可以通过下载链接（https://pan.baidu.com/s/1gCSyzwsEY94W-5zQK2FxXg，提取码：1kwd）下载高清视频，或者扫描右侧二维码直接获取下载链接。

此书犹如一本魔法书，令普普通通的照片在变幻多端的思路之下演绎出精彩的永恒；让你眼光独到，不落俗套。拥有它，便可底气十足，P 图时妙手生花！

本书中的一些图片素材来源于网络，仅为笔者平日练习所用，在此对其版权所有者表示衷心的感谢。请相关版权所有者与笔者联系，以便致奉谢意和薄酬。如有争议，也请相关人员及时联系，以便在今后再版时调整。

如果在阅读此书或观看视频的过程中存在一些不懂或者不明白的地方，可与笔者联系，微信联系方式为 tiger1483，欢迎广大读者来信交流经验。

第一章　P 之前

第三章　P之想

第四章 P之技

Tiger
云山虎影
image

第六章　P 出一片天

there is always something
to record in this world

云山虎影
shoot whatever you think worthwhile
there is always something
to record in this world
why not just do it
believe yourself
you can make it

第一章

P 之前

拍摄犹如一场演出，得事先有所准备，我们不打无准备之仗。准备得越充分，拍摄时就会越轻松。如果要烟饼，结果忘了带；要古筝，忘了租；要美瞳，落在了梳妆台；要打火机，不记得带，那我们会因为准备不足而前功尽弃，懊恼不已。

前期的充分准备都是为后期 P 图服务的，它能为后期 P 图打下坚实的基础。那么，我们拍摄前有哪些准备工作呢？

第一讲　确定拍摄主题

首先我们必须知道要拍摄什么主题：是古装还是现代，是小清新还是武侠，是糖水片还是苦情片？主题有了，就要着手设计拍摄思路和主题思想，不然拍摄时会“打乱仗”，使拍摄的照片内容空洞、画面单调，引不起观者的共鸣。主题的选择和构思是对摄影师文学水平和文化底蕴的考验。另外，拍摄时要想到后期的 P 图思路，这样可以起到事半功倍的作用。

左图拍摄的是民国风，色调比较怀旧；下图拍摄的是小清新风，色调就比较清新淡雅。

民国风

小清新风

第二讲　服装和道具的准备

用围棋做道具

有了主题，就要考虑准备道具了。不同的主题要用不同的道具，拍现代战争的主题，总不能用古代的马车和长矛去做道具；同样，拍古代的主题时，总不能穿着现代的球鞋出现在画面里，主题与道具要相称。虽然在摄影时难免有不合理的地方，但只要我们做到尽善尽美，就可以为后期 P 图减少许多不必要的麻烦。

那么，具体要准备些什么道具呢？古装题材总少不了古筝、琵琶、古剑、古扇、笛子、古籍等道具；小清新题材往往少不了鲜花、发卡、自行车、丝巾、草帽之类的道具；战争题材就得有枪支弹药、烟饼等道具。

本页 3 张照片就分别用了围棋、古筝和琵琶做道具，是不是很有韵味呢？

用古筝做道具

用琵琶做道具

第三讲　挑选模特

挑选模特也是有讲究的，不是随便一个人就能演绎好某一个角色。有的模特长得精致，特别适合拍靓丽面妆；有的模特长得甜美，拍小清新挺合适的；有的模特虽然长得漂亮，但要她演绎一个角色，却拍不出感觉来；有的模特虽然相貌一般，但拍起照来有板有眼、活灵活现，一招一式都很到位。这些考虑都将为后期 P 图打下良好的基础。

大外孙（1）

大外孙（2）

小外孙

大外孙（3）

像照片中我的两个小外孙，不仅长得很可爱，而且在镜头前表现自如，实在难得。

模特挑选不好，后期会增加许多烦恼。例如，模特太胖，就需要液化许多部位；长得“太着急”，后期美化脸部也挺费工夫。总之，你要事事为图片好不好 P 着想。

质朴红军女战士题材

复古民国风

富有古典美的脸型适合多拍一点古典造型的仕女照，身材苗条的模特拍全身照会更显得婀娜多姿，脸大的模特就离远一点拍，身宽体胖的模特就用广角拍，而性感又懂武功的模特拍武打动作照片会很不错。人尽其才，用其所长，避其所短，这样后期 P 图就不用过于夸张。像上图中的模特长得质朴可爱，扎两条麻花辫，拍摄红军题材的照片就很合适。而左图中的模特脸形稍微有些长，但气质娴静，戴一顶礼帽，来一组复古民国风，再合适不过。

在不了解模特的情况下，你是无法做出选择的。我每次拍完照片后便知道哪位模特适合拍什么，哪位模特有潜力可以通过培养拍出不同的风格来。

因此：

选好模特，拍出好片；

模特选对，P 图不累。

第四讲　事先与模特和化妆师沟通

找好了模特，摄影师就要与模特事先进行沟通，告诉模特要拍什么主题，有些什么想法。可以发一些照片或图片给模特，让其事先熟悉或模仿一下其中的动作和表情。否则在拍摄时会比较尴尬，模特不知怎样演绎，只能临时发挥。有经验的还好，无经验的只能大眼瞪小眼了。

除了与模特沟通外，摄影师还要与化妆师沟通，如要拍什么主题，用什么服装、道具，要化什么样的妆容。尤其是需要做头饰的古装，需要准备的饰物比较多，如假发、假花、假头套等。若等化妆师来了才发现许多东西没带齐，那麻烦就大了。妆容不对，后期很累。因为后期 P 图时还要考虑面妆与衣服饰物是否吻合，所以在化妆时与化妆师或模特的沟通很重要。本页 3 张照片具有不同的风格，古装、私房和小清新所需的妆容和道具都不一样，需要根据各自的风格来做准备。

古装

私房

小清新

第五讲　考虑最适合的拍摄时间

摄影什么时候都可以进行，只是有些时间段最适合拍人像或风光。最重要的是，这样可以减少很多后期操作。早上日出之时到上午 10 点、下午四五点钟到日落之时都比较适合拍照。这时光线比较柔和，光比没有那么突兀，不用通过后期操作，光影都很美。中午曝光过于强烈时是比较难拍好人像的，需要辅助灯等道具来压光。

下午三四点钟拍摄

中午一两点钟拍摄

这两张照片中的人物是同一个模特，但拍摄的时间段不同，画面中模特脸上的柔和度也不一样。上面的照片是下午三四点钟拍摄的，阴天，有些许阳光，有大柔光箱的功效，画面比较柔美，不用后期就可直出。

而左边这张照片是中午一两点钟拍摄的，光比太大，光线不够柔和，后期要花费时间使画面柔和。

许多在太阳底下和树荫处拍的照片基本成了废片，除非压光或者打灯补光，或者后期尽力补救，才可能达到想要的效果。

第六讲　拍摄过程中拍不出自己想要的效果怎么办

有时，拍摄前也许构思得很好，但到实际拍摄时就不一定令人满意了。各种各样的问题开始出现，如天气的问题、模特表现力的问题、自己摄影水平的问题、器材设备的问题等。

如果是天气问题，如下雨天或天空灰蒙蒙的，可以在后期通过换天空使阴天变晴天，甚至可以让其降雨或刮风。如本页两张照片，都进行了后期换天空，将原片灰蒙蒙的天空变成了蓝天白云。

如果是模特问题，要与模特多沟通交流，适当做一些引导，使其放松心情，如休息一下、聊聊天、谈一谈思路，等模特进入状态后再接着拍。前期若能拍出他们的精气神，再经后期一 P，照片就会更加熠熠生辉。

如果是摄影技术问题，就要从自身找原因，不能怪罪模特或天气。自己平时要多练习、多拍照，多尝试不同主题和风格的创作，多模仿他人好的摄影作品。只有经过千万次的尝试，摄影技术才能有质的飞跃。即使前期有所欠缺，但只要懂后期操作的技术，也可以做些补救工作。

换天空（1）

换天空（2）

第七讲　P之前做足功夫，P图时快捷迅速

拍摄前化好妆容（1）

考虑到诸多因素，拍摄前一定要做足功夫，如光影、最佳拍摄时间段、逆光和侧逆光、服饰和妆容、眉毛与睫毛以及眼影与眼线的描画，都可以在前期考虑周全，这样后期就只剩下一些去痘痘和磨皮液化的处理工作了。不然，前期马马虎虎，如鼻子扁平，在化妆时没有考虑画阴影，突出高光处，使鼻梁隆起，后期就要多做这些弥补工作才能使其完美。本页照片拍摄的题材是朝鲜族民族服饰。在拍摄前为模特化了精致而淡雅的妆容，从而拍出来的照片无须大调，微调即可。

拍摄前化好妆容（2）

美，无所不在，就看你对前、后期的把握。不管是前期还是后期，它们都是相辅相成、不可分割的。

TIGER
云山虎影 IMAGE

第二章

P 之选

轰轰烈烈、热热闹闹的拍片活动结束了，接下来便是坐在电脑前选片了。别以为选片很简单，其实挺考验一个摄影师的审美能力和眼光的。

有时候照片都拍得不错，但由于各种原因，在几百张甚至几千张的原始照片中挑选时，我们往往错过了许多好照片。

那么怎样才能选出更能代表自己摄影水平的照片呢？带着这个问题，我们进入第二章。

第一讲　打开电脑，从头到尾仔细看一遍

一遍不行再仔细看一遍，边看边挑出自己认为比较有感觉的照片。挑选时应注意一些问题，如模特的动作和表情是否比较自然到位，光影是否比较漂亮，画面是否比较通透，构图是否比较精彩独特等，这些都是要考虑的因素。下面一组照片就从不同的角度进行了构图。

构图（1）

构图（2）

构图（3）

第二讲 选片考验一个摄影师的审美和情趣

随性街拍

有些照片你可能拍得不错，角度也挺好，但因为你不懂选片而忽略了它们，结果选出来的都是一些普普通通的照片，没有什么特色。

回眸一笑

低头一瞬

绿叶丛中笑

选择一些最能表现模特风采的照片。模特总会在某一瞬间突然释放出异彩，也许你已经拍摄了下来，只是没选到而已。例如本页这几张照片，都是不经意间抓拍到的模特的神采。

第三讲
避免雷同，
选出最具代表性的照片

从雷同的、同一场景的照片中筛选出一两张最精彩、最有代表性的，其余的存档，然后看下一场景的不同照片。

选出来的照片还要反复比较，最后再决定选用哪些。多选一些不同角度和场景的照片，这样就足够多样，可体现自己的功力和拍摄经验。下面一组照片就是从数张照片中精挑细选出来的代表作。

“美女与野兽”主题照片精选

第四讲 把不同情绪的照片归类，便于做专题

选照片时，把表达同一情感的系列照片放到一起，便于编写某个主题的作品，尤其是用初页 APP 制作时。搭配上有文字和音乐版面的照片，特别适合制作成有故事的作品。

例如，下面这组作品《落单》发表在初页上，一推出便被推荐到首页位置，无论是歌曲还是画面，都很搭配。这里只是从专辑的 20 多张照片中选出来的几张。

《落单》作品精选

选片要靠你的综合艺术水平，如这组作品选了几张比较高冷大气的照片放到一起，把色调统一，其余的封存，留待以后有需要时再 P。

广西桂林海洋乡作品精选

此组照片拍摄于广西桂林海洋乡。当年因天气原因，银杏叶子基本掉光，而且还是阴雨天，时间选择得不合适，不过大家玩得还是挺开心的。

第五讲　一组照片应考虑到全身、半身、特写等不同角度

在选照片时，不要一组照片中全是半身的或全是全身的人物，又或者全是站立的，而应该正面、侧面、半身和全身的都有，这样发布出来给人欣赏才会显得比较全面，也能体现你的综合实力和水平。例如本页这组照片既选取了模特的正面照、侧面照，又选取了模特与他人互动的照片，显得全面而有故事性。

试想，如果一组照片中的人物全部直挺挺地站着，那可能是军训或排队点名；如果全部是大特写，那可能是大头贴；如果全部躺着，那可能是吹号睡觉。这样的照片摆在一起，欣赏性会大打折扣。

质朴红军女战士系列照片精选

全拍半身照系列

当然，有时候为了突出模特的风姿，全拍半身照也是有的，但动作就不能选得几乎一样，应该有所区别。此外，还要考虑眼神和表情是否到位、有没有雷同。例如本页这组照片就全拍了半身照，但动作、表情等有所区别。

第六讲 发表照片是否要考虑观众的喜好

发不发表照片取决于你自己。如果你觉得要对得起观者，不想污染他们的眼睛和浪费他们的流量，就尽量把自己最好的作品拿出来与人分享；如果你完全是自娱自乐，且发的照片确实不好看，观者也只是会一闪而过，不会去深究你为什么拍得那么差，那么没有美感。

本页这组照片发布于初页上，获得了很多人的喜爱，这激励我继续为观众创作出更多更好的作品。

质朴红军女战士系列照片精选

无须后期作品（1）

第七讲
什么样的照片可以直出而无须后期

我们经常听到一些摄影师说："我的照片是直出的，无须后期。"那么有没有可以直出或稍微提亮就直出的照片呢？答案是肯定的。

那么，在什么情况下照片可以直出呢？我个人认为，直出的照片应该符合以下几个前提。

（1）拍出来的画面够通透。

（2）想要的光影基本能满足。

（3）画面的构图基本合理。

（4）拍出来的肤色比较正常。

（5）该有的意境已经有了。

（6）不想磨皮，不想液化，就想原汁原味，保留质感。

（7）整幅画面比较完整，不必画蛇添足。

无须后期作品（2）

无须后期作品（3）

无须后期作品（4）

再重复一遍：直出的照片一定有它的可取性。例如，照片的光影很通透，画面色调也基本到位，完全没有必要画蛇添足。有些摄影师把好好的色调调得很怪，怎么看都不正常，反而弄巧成拙。

本讲这组照片画面整体通透，构图基本合理，模特的肤色也白净匀称，无须再进行后期，直出即可。

第八讲　什么样的照片不能直出而需要后期

最简单的回答就是，你认为需要后期的照片就后期，你认为可以直出的照片就直出。至于会不会被人认为照片没水平，你大可不理，自己开心就好。如果你想对得起观者，那么还是需要后期润色一下的。本页这组照片，直出也可以，做点后期处理会显得更加清新。

后期照片

一般需要后期的照片要符合以下几个前提。

（1）画面不够通透，需要提亮。

（2）模特皮肤比较晦暗，不够红润。

（3）画面不够完美，需要后期润色。

（4）前期构图有缺憾，需要二次构图。

（5）商业广告必须要有后期。

（6）有些模特的脸部、胳膊和腿等部位需要液化修瘦才能发表。

（7）你想使照片更加完美，所以需要后期。

直出照片

下面来看几组直出照片与后期照片的对比。

直出照片，颜色比较饱和

后期照片，降低饱和度

直出照片，画面比较透亮

后期照片，压暗画面、降低饱和度等

直出照片，画面光秃秃的

后期照片，背景叠加了藤蔓

后期作品（1）

第九讲　玩摄影需不需要学点后期

玩摄影需不需要学点后期，这个问题一直有争论，并且分为两派。一派是反对学后期，主要以不会后期或不懂电脑操作的中老年人为主，认为照片就是记录历史，拍成什么样就是什么样，无须画蛇添足。

后期作品（2）

后期作品（3）

另一派以年轻人及部分喜欢接受新鲜事物的中老年人为代表，他们非常认可学后期。自从有了数码相机，Photoshop 的诞生就起到锦上添花的作用，所以学后期就是与时俱进。

本讲中的照片都是我做过后期的摄影作品，经过后期处理的照片是不是更加耐看了？

后期作品（4）

后期作品（5）

那么到底要不要学点后期?
我以自己五年的后期经验
告诉各位：
学点后期可以扬眉吐气，
天马行空，想怎么样就怎么样；
有了后期如虎添翼，
修起照片来更有底气。
你可以把废片变成正片，
把灰蒙蒙的天空变成艳阳天，
把灰白的照片变得鲜艳，
把不清晰的照片调回清晰的画面，
把“肥婆”变成窈窕淑女，
把塌鼻梁变高挺，
把大肚皮瘦回去，
把大粗腿修得纤细，
把大小眼变得两边一致，
把大圆脸变得精致秀气。

第十讲　后期难学吗

中国有句古话：世上无难事，只怕有心人。学 PS 也一样，只要有心、肯花时间，并认真学习，再加上持之以恒，没有学不会的。

我学 PS 时已经 60 岁。连续 3 个月，每天有 16 个小时在练习 PS。我的师父刘思国老师，每天手把手地教我 10 个小时。他晚上回去后，我接着练，直练到后半夜，每天就睡几个小时。4 年多来从未间断，硬是把一般人望而生畏的 PS 技术“啃”了下来。现在用起来基本上得心应手，有些图 P 起来不费吹灰之力，两三分钟就能P 好，例如本页这组照片，P 起来非常简单。

后期作品（1）

后期作品（2）

后期修图作品

第十一讲　后期修图原则（小修、中修、大修）

后期修图要把握什么原则？是大修还是小修？怎么修？不同的摄影者有不同的修法。我的原则是，如果是生活照，尽量小修，还原其本人原来的面貌。在此原则下，做一点点小修，如去除痘痘，稍微液化一下因拍照角度造成的视觉上比较肥胖的部位，如脸颊、胳膊和腹部等；然后再稍微磨一下皮肤，调一下色调就好了。修出来的照片既要忠实于拍摄对象本人，又要比其原来稍微漂亮一些、精神一些。这就好比化妆，虽然化了妆，但还能认出是本人。倘若像整容，修得“面目全非”，就有点过了。

原片与微修图比较

本页这 3 组照片根据画面情绪主题，彩色改黑白，突出情绪的低落和郁闷。

原片

二次构图，改黑白

原片

修图，改黑白，矫正画面

原片

修图，改黑白，加雨滴

照片中修前后期对比

本页这两组照片进行了中度修图处理，较之原片会有比较明显的美化效果。

原片画面比较平淡，模特的衣服穿起来显得腰部比较肥大

中修之后，压暗了画面，叠加了背景，将模特进行收腹处理，腰腹变苗条了

左图做了后期处理，首先稍作裁剪，然后压暗画面，突出人物，脸部颜色做了低饱和度处理。右边原片手臂比较突兀，后期做了阴影遮挡，使整个画面更具宫廷压抑感

照片大修前后期对比

对照片进行大修，就像对其进行了一场大手术，修后的照片会给人“面目全非”“耳目一新”的感觉。

通过下面这两张前后期照片的对比，我们可以看出，后期照片做了比较多的叠加图层。除了模特的动作、表情、姿势保持原片风格之外，其他画面已被 P 得“面目全非”，沙滩变成了海底世界

后期

原片

下面这组照片也做了较大的改动。把模特 P 到了另一个美丽的沙滩上，有隔地穿越的特技感（这组《美人鱼》作品可在初页“云山虎影”的专辑中看到含有几十张图的完整版）

后期

原片

如果是艺术创作的作品，就可添枝加叶，置换背景天空，进行移花接木，如下面这两组幅作品。

下面这张是后期 P 出来的，凄冷的街头和纷飞的大雪令卖火柴的小女孩显得更加可怜、孤寂和无助

后期

原片

上面这张原片就明显欠缺渲染，没有感染力，只是一张普通的行走在街头的人物照片

艺术创作的作品如果不进行后期加工，就像毛坯房一样，既不好看，也无法入住。普通的原片没有人愿意反复欣赏，而P过的照片，其艺术性就立刻显现出来，大大增加了观赏性。

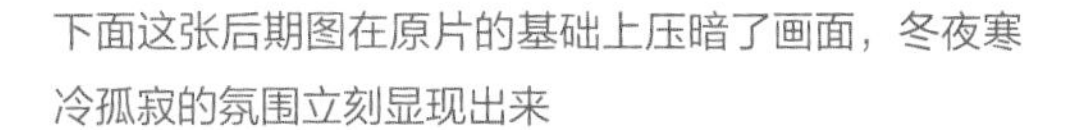

下面这张后期图在原片的基础上压暗了画面，冬夜寒冷孤寂的氛围立刻显现出来

后期

原片

上面这张原片明显色调过于光亮，不能很好地表现主题

Tiger
云山虎影

第三章

P 之想

摄影师不仅在前期拍摄时要有所思、有所想，拍出有思想、有主题、有内涵的作品来，而且在后期 P 图时也得有谋划，不然 P 出来的照片不是不伦不类，就是太过普通，很难打动人心。

有了美学的底蕴和后期 PS 操作的技术，你就能在普通的照片里找到闪光点，并进行艺术再创作，或者进行二次构图再裁剪，从而 P 出令别人艳羡的作品。

第一讲　不可故步自封，　但可自成一体

几年来玩摄影和 P 图的经验告诉我：有活跃的思想、不故步自封的开放心态和虚心好学的态度，就能开拓自己的视野、提高自己的境界。把摄影界大师的理念和其作品的优劣之处加以吸收和扬弃，并做到融会贯通，既不人云亦云、鹦鹉学舌，也不做井底之蛙，高估自己，这样就能独树一帜、自成一体。

上图是一幅在纯阳观拍摄的武侠照片，没有太多的意境

我本来是一个电脑盲，既不懂博客也不会 QQ，更不会用电脑绘图。

5 年前，我认识了我的 PS 启蒙老师刘思国，跟他认真地学了 3 个月的 Photoshop 修图，从此一发不可收，把多少人望而生畏的 P 图技术学到了手，将摄影与后期完美结合，创造出自己独一无二的“云山虎影”P 图品牌，让平淡无奇的照片“脱胎换骨”，变得光彩照人。在后期制作的奇妙旅程中，我常常脑洞大开、天马行空，各种奇思妙想如流水般源源不断，将之运用在一幅幅本是废片的作品上，P 出了一片新天地。

按照自己大胆的设想，我利用学到的 PS 技能把女侠 P 到了船上，还加上了倒影和竹叶，意境立刻显现出来，如下图所示

第二讲　思想是修图的灵魂

利用 PS 能否把照片 P 出魔幻感、P 得亮眼，这与你的人生阅历息息相关。没有人生阅历的人 P 出来的作品往往显得苍白无力，有“无病呻吟”的矫情和颓废的气息。而有着丰富生活阅历的人，P 出来的作品总能打动人心、令人深思，能把废片变正片，化腐朽为神奇。无论是意境还是现场的即视感，都有超越前期照片的巨大优越性，让人产生美的共鸣。

没有思想，不懂后期，我们只能“逆来顺受”，拍成什么样就是什么样！有了后期，废片变新颜；艺术再创作，换景又换天，不费吹灰之力，全在一瞬间。

上面这张原片如此普通。现在你是喜欢欣赏原片的原汁原味，还是喜欢后期的霸气恢宏？思想决定层次

上面这张作品显然是后期之作。但照片所体现出来的大气之美和环境之诗情画意，让人不禁驻足多看两眼

第三讲　修图与美学

后期 P 图可分为商业修图和非商业修图。修图又可分为精修和一般修图，修图的效果取决于修图人员的修图水平。

有些照片本身就拍得不错，光影也漂亮，无须画蛇添足；有些照片确实存在缺憾，要么作废，要么进行后期美化，这完全取决于你的审美观及对照片的要求，还有大众对照片的期望值。

原片

原片

微修图

上面这组照片的原片整体拍摄得不错，只需对其进行微调，提亮肤色即可

后期

让我们来看看上面这一组照片。原片中模特的肤色比较暗黄，脸的轮廓稍微圆了一点，不符合现代女性对美的要求，所以必须对其进行后期美化，才能达到较为理想的效果。一般的商业大片都需要耗费大量的精力去精修，否则很难在商业领域立足

第四讲 敢于移花接木、天马行空

P图技巧五花八门，多种多样。你既可以按部就班、中规中矩，也可以另辟蹊径、大胆创新、不拘一格。没有规定一定要怎样P，关键要看你自己有没有想法和有没有P图的娴熟技术，还有就是对故事情节的把握。

你甚至可以天马行空、异想天开地P图，把不可能变成可能。

素材

后期

上面那幅小图是我拍摄的一个天空的素材，我脑洞一开，索性在图上的云层里P上一条船和一只跃出水面的海豚，并给船P上倒影。这样，一幅迷雾航船的梦幻影像就展现在眼前，如上面的大图所示

第五讲　实践比高谈阔论管用

玩摄影无须过于钻研高深的理论，有些人一辈子研究理论，却拍不出一幅有影响力的作品；有的人理论不深，其拍出来的作品却能打动人心。理论是虚，实践是实。

夸夸其谈的人上战场挡不住子弹，终日练兵的战士能冲锋杀敌。高深的理论和复杂的线条救不了你的苍白，丰富的实践经验却可以让你走得更远。通俗易懂的实例可让大家觉得后期并不是那么高不可攀，从而增添几分自信，真正玩出“高大上”来。

像本页这组照片，前期拍摄和后期处理我都游刃有余，这是因为有大量的实践基础。

古风摄影作品（1）

古风摄影作品（2）

第六讲　摄影与作画，玩的是画意

有了想法，就可将简单的棚拍照片进行再创作，当然这是需要有一定的绘画功底的。不然，即使有现成的素材，你也不知道如何摆放，就更别说创作出一幅有意境的作品了。

后期

原片

我在左侧原片的基础上添加了一些素材：柳枝和鸟、徽派建筑、荷花和石桥。还有一行字——村姑也有春天，如上图所示。虽然简单了一点，但就这么任性，不拘一格

原片

后期

你看，多简单的拼图演示，没有复杂的程序，只需在原片上叠加背景素材，添加蒙版，“刷”回清晰的人像即可。叠加时也可降低背景图层的饱和度和透明度，从而虚化背景、突出人物。

原片

后期

你还可以这样玩，即从最简单的开始，把不可能变成可能；把青涩变成成熟，把无感变成有感，把普通变成诗情画意。

本页这两组照片通过后期处理，是不是变得更加富有诗情画意了？

原片

后期

后期

原片

第七讲　把空洞变灵动，把空白变华彩

原片

大家仔细看看这两组照片有什么值得借鉴的地方。为什么简单的棚拍可以变得这么有意境？后期的 PS 功效是千万不可小瞧的。

后期

后期

掌握了它，你便如虎添翼，修起图来不仅游刃有余，而且不落俗套，P 出自己的风格来。

原片

后期

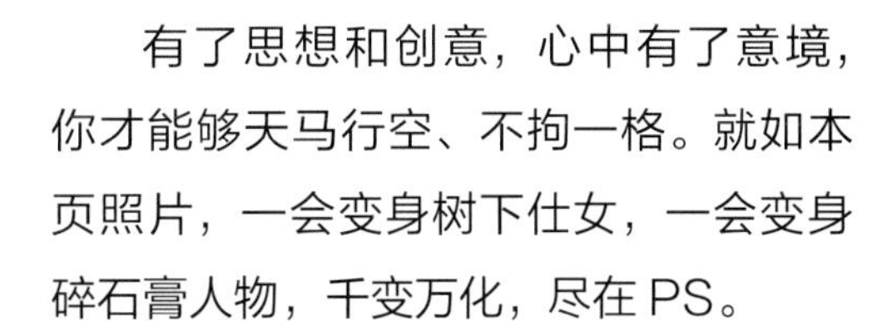
有了思想和创意，心中有了意境，你才能够天马行空、不拘一格。就如本页照片，一会变身树下仕女，一会变身碎石膏人物，千变万化，尽在 PS。

原片

原片

后期

后期

原片

举了这么多例子，无非是让大家开拓思路，不要禁锢自己的思想。我们有很大的潜能没有被挖掘出来，一旦脑洞大开，就会文思泉涌，让你惊叹自己居然也能 P 出想都不敢想的作品来。谁都不是天生就会 P 图的，这需要后天的训练和习得。

后期

原片

荷花仙子 云山虎影 摄
A LOTUS FAIRY

第四章

P 之技

Photoshop 的强大功能，不会用的人是不会知道的。有的人想知道可摸不着头脑，于是就自圆其说道:“我的照片是不用后期的。”但看到别人的照片被 P 得美美的，画面感很强，心里又五味杂陈，恨不得自己也会 Photoshop，从而化腐朽为神奇，变废片为大片，让熟知自己的人刮目相看，让不明就里的人把自己“膜拜”。

本章就从最简单的开始，给大家解构 P 图的最常用手法，由浅入深，让初学 P 图者了解并掌握一些 P 图的基本技能，让自己的作品水平更上一层楼。(扫描二维码，即可观看实战操作！)

第一讲　去痘斑

中国人与欧美人对于要发布的照片，态度是有所不同的。中国人倾向于发布美化后的照片，一般不喜欢将原始的、未经美化的照片直接发布；而欧美人对自己的容貌则比较宽容，长成什么样算什么样。因此，给他们拍照，原片直出即可，脸上的斑点有几个就保留几个，大可不必修修补补，除非是商业广告。

但我们有自己的国情，不能因为外国女孩喜欢原汁原味，就把中国女孩脸上的斑点也原封不动地保留下来。除非被拍者不介意留在脸上的痘痘，否则就需要把女孩脸上的痘痘在后期处理干净，如下面两张照片就稍微去了痘斑。这里就涉及去除脸上痘痘及使用 Photoshop 的问题。接下来我们就开始实战操作吧！

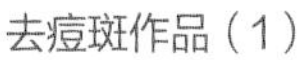

去痘斑作品（1）

去痘斑作品（2）

实战 1

扫码看视频

右下侧照片上的这位车展模特长相甜美，笑容灿烂。一头卷曲的长发衬托出她妩媚和高雅的气质，美中不足之处就是脸上有少许痘痘。

现在请大家观看视频，看我是怎样以快速且简单的方法将她脸上的痘痘去掉的。

原片

后期

左侧这幅照片是去除了痘痘的后期图。很明显，在去除痘痘之后，模特的脸部干净光洁了许多。（后期做了适当磨皮，提亮了肤色，这两种具体操作会在后面的章节中讲到）

实战 2

扫码看视频

原片中的这位女孩长得很漂亮，且气质不错，大大的眼睛，突出的鼻头，具有东方美女的神韵。唯一美中不足的是脸上有些许小斑点，稍作处理，整个人就会显得光彩照人。现在请大家看清楚去斑点操作视频，然后尝试着模仿去做。

后期

原片

左侧这幅照片是经过去斑点之后的作品。模特脸上的小斑点不见了，皮肤光滑温润，更显优雅气质。大家可以将其与原片仔细对比一下。

扫码看视频

去除痘痘还需要注意以下问题。

（1）去痘痘或斑点之前首先把模特的脸部放大，这样容易看清楚痘痘或斑点的大小和细节，从而决定污点去除工具“圆圈笔刷”的大小。

（2）对于脸部边缘的一些痘痘或斑点，有时候用污点去除工具并不合适，可采用套索工具将其圈起来，然后填充掉。

（3）可用修补工具把斑点圈起来，并拖曳到与旁边肤色和亮度相一致的地方，对斑点处进行修补。

原片

后期

我们来对比看看这两张前后期照片。上图是未经去痘痘之前的原片，模特脸上有些许痘痘，皮肤偏黄，脸形稍微圆了一点；右图是经后期去除痘痘、润色皮肤和稍微瘦脸后的照片，肤色显得白里透红，脸形也更加完美。

再次提醒 去除痘痘时一定要把脸部放大，不要圈点过界。如果照片放得不够大，去污笔刷偏大就会圈点过界，影响美观或导致轮廓线条变形。细心和精益求精是P图时必须要有的态度，否则就会弄巧成拙。

液化脸部和脖子

第二讲　液化

液化是 Photoshop 修图过程中必不可少的一环，也是最基础、最简单的一步。一般很少有人不给模特修图液化，除非她完美无瑕，不需要液化，或者因为摄影师不懂液化，不会操作，只好将就出片。

液化是对照片进行美化的其中一环。人像的许多部位都需要液化，如脸部颧骨的圆润、下巴的削尖、鼻翼的收拢、眼睛的扩大、唇形的完善、脖子的拉长、胳膊的修细、胸部的隆起、腰围的修细、臀部的修圆、大腿的修细、手指的修细、小腿的拉长等。本页照片即对模特作了液化处理。

液化腿部

液化脸部

尽管说了这么多人像需要液化的部位，但液化是有讲究的，并不能随心所欲、不按人体的构造和脸部的轮廓来进行。例如，中国人的鼻子本来没有那么长、那么坚挺，硬要拉成西方人的鼻子的样子，就有点失真。又如，本来人物的脸蛋是比较圆的，硬要将其液化成瓜子脸、尖下巴，模样和其身份证或护照上的对不上，这样的液化就是失败的。本页照片只是对模特进行了轻微液化，仍保持了模特原本的模样。

液化脸部（1）

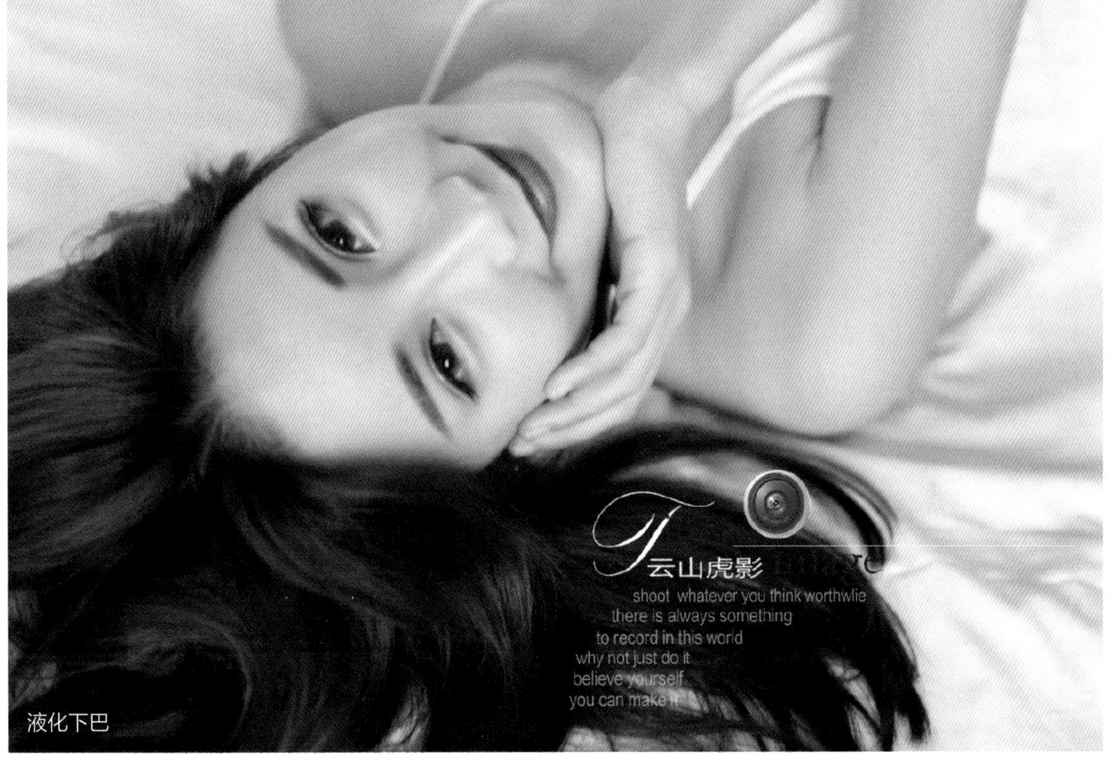

液化下巴

液化脸部（2）

对人像脸部轮廓的液化，既要忠实于被拍者本人，又要在被拍者本人的基础上进行美化。这就需要摄影师的审美学能力和对人体骨骼的了解，以及对 Photoshop 的液化功能进行娴熟的运用，只有这样才能把人像修得既不失真，又唯美。出格的液化是对人像的不尊重，也是对人像美学的亵渎。接下来我们来看液化的实战操作。

实战 1

扫码看视频

下面这张是经后期液化处理之后的照片。大家对比一下，模特的脸颊是不是稍微收拢了一点，但脸形和五官还是原来的样子，并没有让人认不出来，这样就达到了液化的目的。

上面这幅照片是原片，模特是一名大学生，有着亮丽的外表和娇媚的神态。美中不足之处就是脸形偏圆了一些，脸颊两边需要液化一下。

实战2

扫码看视频

原片中的女孩是一位专职模特，有着姣好的容颜，高高的鼻梁，一双水汪汪的眼睛好像会说话。原本的脸部已基本达标，但模特总想把自己的脸修得更加完美，于是在后期就适当地液化了脸形和五官。大家认真对比一下，是否看得出来原片和后期图的区别。如果觉得区别不大就对了，因为后期修图本来就是微整形。

原片

后期

实战 3

扫码看视频

右侧的大照片是经后期处理之后的效果图。模特的青春靓丽、笑容可掬都写在了脸上，让人不禁多看两眼。

如果与原片加以比较，就会发现有后期和无后期的照片效果还是有区别的。这就好比毛坯房和精装修的房子，两者是不可同日而语的。

明白了这个道理，你就不会对后期抱有偏见，并想学会它了。

大家仔细对比一下原片和后期图，猜猜我液化了模特的哪些部位，牙齿、鼻子和胳膊有没有做过液化？肤色和牙齿有没有美白？这些技巧在后面的章节中都会讲到。

第三讲　磨皮

磨皮就像给汽车抛光打蜡，使之看上去油光发亮。给人的皮肤磨皮，可以让皮肤滑嫩水灵，不会凹凸不平，增加了视觉上的愉悦度。

磨皮后（1）

磨皮后（2）

磨皮的度怎么把握？是轻度磨皮还是重度磨皮？初学者下手也许会比较重，把人的皮肤磨得像橡皮一样失去纹理和质感。等经验丰富，实践多了以后，就会纠正过来，保留皮肤的质感。

磨皮后（3）

无须后期的照片

上面这张照片完全没有经过后期去痘斑、液化和磨皮处理，因为模特的面容基本达标，无须再画蛇添足。

初学摄影时玩 PS，我把右侧这张磨皮后的照片发布在“橡树摄影网”上，结果版主毫不客气地说，皮肤磨得像橡皮，没有质感。现在回过头来看确实如此。照片质量的好坏，在自己还没有修炼到家时，是看不出什么问题来的；只有当你“修炼成精”之后，才有可能识别一幅作品的优劣及缺点与问题所在。下面我们进入磨皮的实战操作部分。

磨皮过度的照片

实战 1

扫码看视频

怎样修左下方这张照片呢？在磨皮这一讲的实战案例视频中，我会尽量告诉大家磨皮所需的一些PS的基本功能及磨皮的基本操作。磨皮之前还要去除模特脸上的痘痘，建立蒙版，刷回要保留的眼睛锐度和发丝细节。只要认真按照视频中的步骤去操作，你就能一步一个脚印地学会并掌握Photoshop的基本功能。

左下方的照片是原片，是在摄影棚里布光拍摄的作品。皮肤的通透感和眼神光都有了，只是皮肤质感稍微粗糙了一点，需要后期的美化。右下方这张照片是经后期处理过的效果图。在Photoshop中安装一个好用的磨皮插件Imagenomic Portraiture，它可以让磨皮的操作更便捷，效果更好。接下来开始具体操作。首先去痘、锐化，然后复制一个图层和建立一个蒙版，蒙上背景图层的眼睛，用黑色笔刷刷回眼睛、睫毛、眉毛和发丝等部位的锐度，再点开背景图层的眼睛，恢复。

原片

大家对比一下，右面这张照片是不是比原来的更加好看，皮肤更加光滑温润了呢？这就是后期去痘和磨皮的功劳，“毛坯房”变成了“精装修”。

考考你 你们还注意到什么变化？在这个模特的身上还做了哪些处理？

后期

实战 2

扫码看视频

原片里的女孩是职业模特，173cm的高挑身材和靓丽的外貌，配上哈雷女郎的机车装扮，颇有几分现代女性的时髦感。作为生活片，不做后期也可以；如果做后期处理，则去掉脸上的黑点，并稍微液化和轻度磨皮即可。

原片

后期

后期进行了去痘、液化鼻子和稍微拉长脖子及磨皮，并提亮了肤色，最后再裁剪。是不是更漂亮了？扫码打开视频，看看我是怎么做到的。

扫码看视频

原片拍摄于马尔代夫，模特是个哈萨克族的美女。棱角分明、立体感很强的鹅蛋脸上展现出女性娇媚迷人的特性。这张照片脸部的拍摄角度已相当完美，如果非要后期，只需轻度磨皮即可。

原片

后期

后期进行了"轻度默认磨皮"程度的磨皮，与原来的照片相比，基本保持了其应有的皮肤质感，只是在磨皮时顺便把皮肤提亮了两度，并做了二次构图，即重新裁剪。其余部分未做修饰。

第四讲　瘦腰收腹

没有人喜欢自己的腰身像水桶，尤其是女人。有些上了年纪的人大腹便便，每日照镜子时都在犯愁，怎样才能把腰身瘦下来呢？如果是照片，无须刻意减肥，只需通过 PS 就能去掉多余的腰部赘肉。一个液化指令就能收紧它，使之看上去纤细曼妙、婀娜多姿。本页照片都经过了瘦腰收腹的后期处理，是不是更加漂亮了？

瘦腰收腹作品精选

坐直收腹挺胸

当一个人坐下时，肚子多多少少都会有点凸出，从而产生肚皮的皱褶。解决的办法有两个：一是让模特坐直一点，收腹挺胸，减少腹部和腰部的压力，使其变得扁平；二是后期帮她液化瘦腰，这就涉及PS的技术问题。

侧身的瘦腰总比正面瘦腰要容易些，只要把液化的笔刷调大一点，将模特的腹部向内轻轻一推，腹部就收进去了，腰身也就显得纤细了，如本页照片所示。具体怎样操作，还是看随书的视频吧！

侧身瘦腰收腹

瘦腰

实战 1

扫码看视频

左下图是模特瘦腰收腹前的原片。由于衣服比较宽松和站姿为侧站，模特的腹部显得稍微凸出了些，不够扁平；大腿部也稍微粗了一点，左大腿内侧还可看到烫伤留下的疤痕。这些都是后期处理时需要考虑P掉的瑕疵。

原片

后期

右图是经后期液化、瘦腰收腹后的照片。通过液化笔刷将模特的腹部往里压进去了一点，使其显得扁平好看，大腿部也经过稍微液化收小了一点。由于疤痕位于左腿边缘，修掉时要放大腿部，需要特别细心才能修得比较完美。

考考你 除了给模特液化了腹部和腿部，我还给照片做了哪些美化工作？

实战 2

扫码看视频

大家大概一眼就能看出来，下面两张照片中哪张是原片，哪张是经后期瘦腰收腹处理后的照片。由于裙子较修身和站姿倾斜，修长高挑的模特还是难免显得腹部稍微隆起。前期拍照已经定型，只能寄希望于后期的修正。

后期

原片

现在通过简单的视频让你顷刻掌握收腹瘦腰的技巧，还原一个窈窕淑女的本来面目，使其凹凸有致地站在观者眼前。

只需将液化笔刷圆圈调到适当大小的尺寸，将模特的腹部轻轻往里一推，她的腹部便会立刻瘦下来；再将模特的腰部轻轻地往里一推，腰部也会立刻凹进去。苗条的身段和婀娜的身姿便出现在我们眼前。

考考你 除了液化模特的腹部和腰部，我还给模特做了什么美化工作？

实战 3

扫码看视频

让我们来看上方这张原片。模特斜倚在海边的沙滩上，这样的瘦腰收腹处理和站直时瘦腰收腹处理的原理是一样的，都是将液化笔刷调到适合的大小，在模特的腰部进行液化，使其身材显得苗条、凹凸有致。

下方这张是经后期液化处理之后的照片，模特腰部收窄了一点。

考考你 除了对腰部做了液化，我还对照片做了哪些工作？

第五讲　拉长腿

女孩修长的美腿没有人不喜欢。许多女孩出门要穿增高鞋，上台要穿高跟鞋，模特卡上都要写高几厘米，就是怕自己不够高，腿不够修长。

模特靓丽的外形、优美的身材，再加上修长的双腿，站在舞台上总能吸引人们的注意力，使人忍不住多看几眼。不管是身材原本的高挑还是高跟鞋对身高的提升，又或者是后期 P 出来的美腿，都可以达到赏心悦目的效果。

拉长腿（1）

拉长腿（2）

拉长腿（3）

其他方式拉长腿（1）

需要提醒大家的是，不是每一双腿都可以直接拉长的，有的腿因摆放位置的不同，需要用不同的处理方式。如本页这两张照片可以放大后用笔刷液化，把小腿肚收小，也可以用笔刷顺着脚的方向往斜角拉长一点，笔刷的大小视需要而定。除此之外，还可以用“斜切变形工具”来完成。

拉长美腿可以通过调整前期的拍摄角度来达到。用广角或中焦镜头 24~70mm，采用特殊的拍摄机位，如蹲下往上拍等，都可以使腿显得修长。

其他方式拉长腿（2）

实战 1

扫码看视频

后期

原片

上面的原片要拉长双腿是比较容易操作的，因为模特是笔直站立的。只要用矩形选框工具把双腿圈起来后往下一拉，模特的双腿就会立刻变得修长。当然，如果想把小腿肚再修直一点，避免罗圈腿，那就观看视频吧，里面有详细的操作。

实战 2

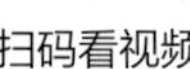

扫码看视频

如果模特躺在浴缸中，那么怎样把弯曲的双腿 P 得修长呢？按本讲实战 1 的做法肯定不行，只能另辟蹊径。

本页两张照片中有一张是原片。你能看出哪张是原片，哪张是经后期微修的吗？除了液化双腿，我还对照片做了哪些美化工作？

实战3

扫码看视频

原片

这张原片中，模特是躺在浴缸里伸腿洗浴，这样也不能采用站立时用“选框工具”圈起来往下拉的方法来拉长腿，必须放大照片，将液化笔刷调到合适的大小，把腿部尤其是小腿肚部分修得细长一些。操作时一定要把腿部放大，不然容易P过界。

后期

考考你 原片和后期图相比，P过和没P过的区别在哪里，能看得出来吗？

实战 4

扫码看视频

这组照片上的模特是第 18 届环球华裔小姐大赛广东区总冠军徐悦玲小姐。后期为其稍微拉长了腿。大家仔细对比一下，看看是不是有区别？

第六讲　瘦脸

几乎没有女孩会喜欢自己拥有一张大圆盘似的国字脸。普通人倒是无所谓，有人还会安慰你，这是一张有福气的旺夫脸，尤其是有饱满下巴的。

瘦脸（1）

尽管有旺夫相，但一般来说女孩还是不喜欢自己有一张大圆盘似的脸。这就是整形和整容这么流行的原因。

谁愿意整天看到自己的脸像大圆盘呢？所以摄影师给大脸盘的女孩拍照时要格外小心，不会后期的一定要找对角度才可以按下快门；会后期的在前期也要做到尽善尽美，这样后期就不用花许多时间去液化脸形。

瘦脸（2）

女孩脸部要液化的地方一般是颧骨、腮部和下巴，如下巴的修尖；如果下巴比较短，还要将其稍微拉长、拉尖一点，但原则是不变形，即看着还是她本人，只是美了一点。本页照片都是经过后期瘦脸之后的效果。

瘦脸（3）

脸部修图是一个很细致、很讲究功力的技术活，商业摄影要求更高。据说有人为了让一张脸达到完美的效果，修了一整天甚至更长的时间，为的就是具有那种质感，那一个个细小的毛孔和显而易见的皮肤纹理。

修脸（1）

修脸（2）

修脸（3）

修图时可以把照片放大，然后一点一点将模特脸上的斑点去除，保留其应有的皮肤纹理。

因为我不是从事专业商业摄影的，所以在 P 图时没有讲究那么多的商业处理，只讲究唯美和意境，例如本页照片都是经过修理的效果图。

接下来我们就看看实战操作吧！

修脸（4）

实战 1

扫码看视频

下面是两组瘦脸前后的对比照片，原片和后期图相比虽然变化不大，但模特的左脸颊被液化 P 瘦了一点，皮肤也顺便做了一下“美容”。

原片

后期

考考你 下面这两张照片你能看出哪张是原片，哪张是处理之后的照片吗？液化了哪里，皮肤有做过处理吗？

实战2

扫码看视频

我们来看看左下方原片中模特的脸形怎么修。也许你们已经看出来了，其实对于这张秀气文静的脸，我只是轻微液化了一下脸颊两边，更明显的则是调了画面色调和模特皮肤的颜色。但我还是要通过视频来向大家讲解一下修脸的程序和技巧，便于大家熟练掌握。

原片

后期

实战3

扫码看视频

右下方两张照片中一张是做了后期的，一张是没有做后期的。原片拍摄于数年前的华南植物园，主题是聊斋故事里的《画皮》。

如果给你一张原始照片，你能一看就知道该怎么修吗？修脸最关键的是要忠实于人物原来的脸部轮廓，不能修得连爹妈都认不出来。

原片

后期

实战 4

扫码看视频

对笑脸要进行液化修瘦就会涉及笑容的处理。我们都知道，人一旦开口笑，两边的腮部就会鼓起来，显得整张脸大了好多。这是自然现象，人之常态。但许多爱美的女孩总喜欢把自己的脸修得尖尖瘦瘦，生怕看起来胖胖的。

后期

原片

那么上面这张照片中的笑脸该怎么修呢？其实很简单。我用实际操作的视频告诉你们怎样轻轻一动，模特的脸部就变成了右面这张照片中与原片稍有区别的脸形。笑容依旧在，只是腮部改。（当然我还对五官的某个地方做了一点小小的美化，你能看出来吗？）

第七讲　瘦臀

人体的柔美是上帝赐给人类的最好礼物。有些人天生就有美臀，不大不小，丰满圆润。而有些人天生就有缺陷，不适合拍健身广告或美臀广告。

瘦臀（1）

试想如果拍一个牛仔裤的曲线美的广告，结果拍出来的却是扁平或过于肥大的臀部效果，试问谁会喜欢？估计连牛仔裤都卖不出去吧。

本页照片中模特的臀部都经过了后期处理，身材显得更匀称了。

瘦臀（2）

所以能拥有一副美臀应暗自窃喜。如果再加上身材高挑、双腿修长，那么做牛仔裤的广告代言，估计牛仔裤会热销大卖的。

瘦臀（3）

无须后期处理的臀部（1）

我们来看这两张照片。大家觉得有必要瘦臀吗？其实有些照片在拍的时候已经让模特显示出了最佳臀部效果，完全没必要再去画蛇添足，否则会把照片修得不伦不类、面目全非，这是不可取的。

我们所说的瘦臀，无非是指某些人的臀部因为穿衣或坐姿或拍照的角度不对，而显得过于臃肿、肥大，不得不通过后期做点“小手术”，使之趋向合理或完美，给人以视觉上的愉悦感。

因此，我们给人像做后期处理时要讲究底线，讲究合理的构造美。

无须后期处理的臀部（2）

实战 1

扫码看视频

也许你现在能一眼就看出这两张图哪张是修过的，哪张是原片，但液化了哪些部位，并具有哪些效果，你能全部说出来吗？

下面让我来告诉大家吧。

（1）液化臀部，使之更加紧凑圆润。

（2）瘦腰些许，使之更加婀娜。

（3）液化大腿，使之更加圆润而不臃肿。

（4）液化小腿，使之更加挺直而不弯曲。

（5）稍微收拢头发，使之不会显得头大身小。

原片

后期

P 图需要具备审美的眼光和一定的美术功底。即使暂时没有这些，如果后天肯努力去学、去揣摩，也会熟能生巧。

那么，这张照片到底怎么修呢？我还是通过视频演示来告诉大家吧。

实战 2

扫码看视频

我们来看看下面这张照片中模特的臀部，是不是需要做一点后期才更完美呢?

原片

后期

由于拍摄角度的问题，模特原本比较修长的双腿显得稍微短了一些，臀部似乎也可以被提紧少许。这里就涉及下肢的整体美化和去掉腿部皮肤上被蚊虫叮咬的红斑。请观看视频操作，并对前后期照片进行对比。

实战 3

扫码看视频

瘦臀是一个系统工程，有时候不单要给模特瘦臀，还要将臀部液化垫高，尤其是商业广告片，必须做得完美和独特才能吸引观者的眼球。

之前在国外看到过一个麦当劳的广告，在高速路边偌大的一个广告牌上，一个美女的美臀上面放了一个大土豆。虽然令人摸不着头脑，但能过目不忘。

这组照片中一张是原片，一张是稍微液化了臀部和腿部的后期照片。你能一眼区分出来吗?

尤其是对于初学 Photoshop 修图的“菜鸟”来说，善于发现问题并加以比较，对修图是很有帮助的。

还是让我们来观看视频，学习照片是怎样修成成品的吧!

第八讲　拉高鼻梁

谁都愿意拥有一个高高挺起又笔直的鼻梁，鼻翼也不会过于向外扩张。天生拥有高鼻梁的中国人比较少，这和人种及其所生活的环境有关。

中外混血女孩的鼻子较高，也无须后期（1）

西方人高挺的鼻子无须后期（1）

中外混血女孩的鼻子较高，也无须后期（2）

西方人大都拥有高挺的鼻子、深邃的眼眸、立体的五官，拍起照来显得很精致。我们现在看到的许多中国女孩也有高高的鼻梁、棱角分明的嘴唇和大大的眼睛。有相当一部分人是整形整出来的，也有通过美颜相机拍出来的，还有的是用 Photoshop 修出来的，如本页照片所示。

接下来我们就学习一下怎样使用 Photoshop 让鼻子瞬间变得高挺吧！

实战 1

扫码看视频

图 1

拉高鼻梁是有前提条件的，即必须是侧脸的画面。在这种情况下用液化笔的笔刷（笔刷大小视情况而定）将鼻梁轻轻一提，鼻梁和鼻尖就出来了。如果还不够理想，再慢慢向上提拉一点，直到满意为止。有时候除了鼻梁，脸颊和下巴也要相应修一下，使整个侧脸的轮廓看上去比较立体。

图 2

我们再仔细看一下：

图 1 是原片，未做 PS 之前；

图 2 是只拉高了一点鼻梁和鼻尖；

图 3 除了拉高鼻梁，还对下巴做了一点微调，稍微修尖了一点点，这样侧脸就显得比原来更加立体和精致了。

图 3

实战 2

扫码看视频

我们再来细看一组前后期照片的对比。

右上方的竖方图是PS过的成品，右下方的横图是未修过的原始照片。

后期

原片

P过的图片修了如下几点。

（1）二次构图，重新裁剪成竖方图。

（2）去掉多余的、影响画面整洁的东西。

（3）最关键的一步是将脸部提亮，放大脸部做轮廓处理：拉高鼻尖，修尖下巴，将圆润的腮部液化收拢一点点，整张精致的脸形就出来了。

（4）加上一片荷花花瓣，呼应手势和脸部神态。

（5）加上迷蒙的白雾，压掉杂乱背景，突出意境。

（6）径向模糊，把荷叶画面做成动感。

（7）添加一首应景的诗词。

具体操作可以看视频。

实战 3

扫码看视频

我们再来看人物正面照上鼻子的隆高美化。

正面照无法按照前面所说的侧脸液化的操作方法进行修整，只能用另一种“化妆”的手法使鼻梁显得比较高挺。

后期

原片

左边这幅图是液化脸形和垫高鼻梁后的后期图。具体操作步骤如下。

首先，新建一个图层，用取色笔在原片鼻子的阴暗处取样，再用 25% 左右的透明度笔刷（笔刷大小视图放大多少而定）在鼻翼两侧刷阴影；其次，再新建一个图层，用取色笔在鼻梁的高光处取高光色，顺着鼻梁轻轻地刷几下，突出高光，不均匀处再用笔刷修匀称；最后，轻微磨皮，使皮肤更加光滑匀称。

经过这几个步骤，鼻子明显变得比较高挺，皮肤变得光滑，脸部轮廓也更加精致漂亮。大家可以跟着视频模仿练习。

第九讲　眼睛的美化

俗话说，眼睛是心灵的窗户。在我们博大精深的文化里面就有许多关于眼睛的成语，如眉清目秀、浓眉大眼、明眸皓齿、炯炯有神、顾盼生辉等，都是对眼睛或眼神的描写。一个人是否有精神主要是看其眼睛。所以无论是前期的拍摄还是后期对眼睛的美化提神，都必须时刻记着人的眼睛及眼神光的关键作用。没有了它们，人像照就会黯然失色，无法光彩照人。

当然，任何东西都有例外。眼睛不一定只有一直睁着才是最美的，有时候模特闭着眼睛，露出长长的眼睫毛，又何尝不是一种美呢？那种闭目养神、低头深思或感受美好的画面，都可以通过闭目的表情来达到。没有必要千篇一律，拍每张照片都要直视镜头。闭眼的照片只要拍得好，后期都不用考虑眼神光，省时省力！

所以，有时抓拍一两张模特化妆时投入和专注的神情，也是不错的花絮。神态出来了，动作也高雅，画面是很有感觉的。像本页这几张不直视镜头的照片，一样令人着迷。

闭目养神状

低头深思状

化妆时的投入神情抓拍

美丽的眼睛（1）

有些人不懂后期处理，但如果前期拍摄得好，就可以弥补后期的不足。玩摄影，总要找到自己擅长的地方，要善于扬长避短。

这两张照片在拍摄时就注意到了需要特别突出眼神，尤其是模特的眼睛非常漂亮，双眼既大又有神，扑闪扑闪的好像会说话。摄影师要善于抓住机会，拍出模特的眼神。

美丽的眼睛（2）

实战 1

扫码看视频

请看下面的后期图，模特的眼睛非常美丽，对着镜子若有所思。清澈、闪亮的眼睛审视着镜中的自己，仿佛在与自己的心灵对话。这使模特显得高冷而神秘，一切尽在不言中。请观看视频，学习怎样美化眼睛和其他一些后期处理。

原片

后期

实战 2

扫码看视频

本页这 3 张照片中有两张是原片，没有做眼睛的美化。你能看出哪张照片中的眼睛是经后期处理过的吗?

右上方这张照片（图 2）中模特的眼睛是经过后期处理过的，明显比另外两张照片中的眼睛明亮一些，后期对眼白和黑眼珠的眼神光都做了提亮。具体步骤如下：首先，新建一个图层，用白色的笔刷，透明度控制在 25% 左右，把眼白和黑眼珠里的眼神光刷出来；其次，再用黑色笔刷把眼睛周围的阴影部分稍微加黑一点，这样眼睛就更加有神了；再次，把脸部的肤色提亮一点，显出健康的小麦色；最后，把眼睛底部的黑眼圈 P 掉。具体请看视频操作。

图 1

图 2

图 3

实战 3

扫码看视频

没有眼神光怎么办？可以用“仿制图章工具”在眼白处采样，再点到眼珠上面。根据需要，即当时的光源是一点眼神光还是两点，适当处理，反正要显得自然。

有时候眼睛里的眼神光虽然有，但形状不一定是圆的，这时可以根据其形状新建一个图层，用白笔刷将其擦亮。

原片中模特的眼睛里没有眼神光，用“仿制图章工具”点了一点眼神光后，模特的眼睛便立刻灵动了起来，显得更有神了。别小看这一点，它可以起到画龙点睛的作用。

后期

实战 4

扫码看视频

通过视频我给大家演示一下右面这张照片是怎样在一张废片的基础上 P 出来的。

没有什么不可能，只看你的 PS 技术行不行，脑子灵不灵活。

下方这张照片就是右面炯炯有神、熠熠生辉的眼睛照片的原片。是不是经过后期处理过的照片与没有经过后期处理过的照片对比起来有天壤之别？是不是经过后期处理可起到化废片为大片的作用？！

原片

后期

图1
图2

第十讲　脖子的美化

修长的脖子总比短脖子或几乎看不到脖子要好看。有些人天生脖子就比较长，而有些人的脖子就偏短一点。脖子再漂亮，有时候也需要做些后期美化。例如，将脖子收细一点，把颈纹 P 掉，女孩万一有喉结，也要把喉结液化进去。总之，要从美学的角度来修脖子，使之看上去更加完美。

上面的图 2 是经过后期微修处理的作品，把新娘的脖子稍微收细了一点，颈纹也去掉了，再把脖子上凸出的软骨稍微淡化了一点，最后将脖子稍微拉长了一点，显得更加有美感。图 1 是原片。大家仔细对比一下，这样在以后修图时就会考虑得比较周全，从而 P 出更美的照片。

修长的脖子

这是一位做了妈妈的女士，曾经是茶餐厅的店长，其修长的脖子、优雅的坐姿和凝视人的神态，颇有几分贵妇的感觉。试想，如果她的脖子短了一截，那将是什么样的画面？

实战 1

扫码看视频

下图中的这名模特是唯美人像大师清江水老师拍过的模特之一。她的五官轮廓非常不错，侧脸比较立体，尤其是她将一头秀发披散在一边，低头沉思的那种神情，带有几分妩媚和知性。需要微修的部分就是脖子后面的那条“龙骨”，因为低头导致其侧面有一点凹凸不平，后期稍微液化处理一下就完美了。最后再稍微液化一下下巴，使之更加精致。

原片

后期

实战 2

扫码看视频

我们再来看看下面这两张照片。模特坐在窗前，穿一件白色衬衣，头发稍微凌乱地披散在一边，正伸手拨开窗帘往外看，动作自然。其有所期待的神情似是在等待某个人的出现。整张照片构图简简单单，却很有故事。

作为生活照，此图不修也过得去。如果修了，就会更有美感。

后期

最后我还是决定给这张照片微修一下。大家能看出修了哪里吗？

我修了脖子和下巴。把脖子稍微修细了一点，下巴也略作液化，使线条显得更加流畅。有时候，某些照片无须大动干戈，略作修整，效果立刻不同。

原片

实战 3

扫码看视频

我们继续来看脖子的美化案例。下面两张照片，大家能一眼看出哪张照片做了后期处理，哪张照片是原片吗?

在修图时，只要有美学思想，就会对整张照片做出美学评价，什么需要修，什么不需要修，修了以后达到什么效果等。

原片

后期

大家看出这两张照片的区别了吧！后期图中经液化处理后的脖子明显比原片中的脖子更加修长，更具美感。

除了微修脖子，我还做了哪些美化工作，大家看出来了吗?这也是对大家眼力的考验和对我修图技术的审视，有比较才会有进步。

第十一讲　胸部的美化

作为女性，谁都希望自己拥有傲人的身材。许多人之所以缺少自信，都是因为自身某些方面存在欠缺。比如胸部的缺陷，会让女性的自信大打折扣。因此，许多女性无论是用文胸，还是其他办法，都要把自己装扮得挺挺的，而一旦卸下文胸，便深感不自信。其实，女人的美不仅在于身材和容貌，自身的修养和气质、言谈和举止都非常重要。后者是可以超越时空的优雅，而前者只是一时的风光。

扬长避短的拍摄手法（1）

摄影考察的是摄影师的功力，如果被摄者的胸部条件不太好，摄影师也可以采取合适的拍摄手法拍出另一种味道，从而扬长避短，把画面拍得很美，而无须暴露模特的缺点，如本页照片所示。

扬长避短的拍摄手法（2）

实战1

扫码看视频

左下侧的照片是"隆胸"之前的原片，右下侧是经后期P过之后的效果图。胸部无须过大，只是稍微提高了一点，看着自然舒服就好。

原片

后期

万一自身胸部不够理想，通过后期处理也是可以弥补的。最简单的操作就是利用滤镜里面的液化笔刷（笔刷大小根据需要而定），在胸部的地方轻轻往外一拉，胸部立刻就挺起来了。当然，笔刷不能过大或过小，要调到适中才不会拉过界，把不该液化的部位也液化了。先把照片放大会比较好操作。

实战 2

扫码看视频

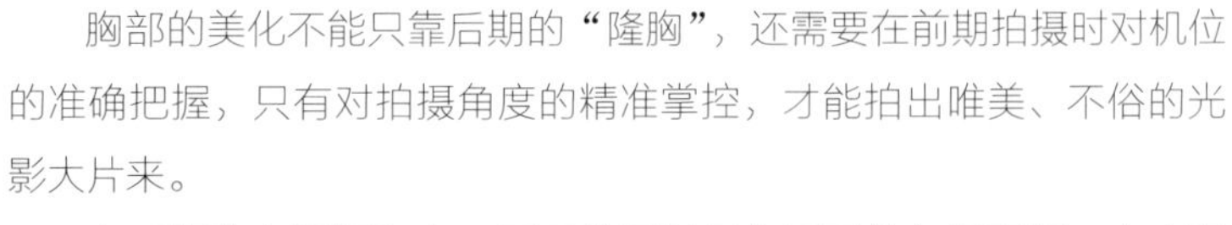

胸部的美化不能只靠后期的“隆胸”，还需要在前期拍摄时对机位的准确把握，只有对拍摄角度的精准掌控，才能拍出唯美、不俗的光影大片来。

在后期的色调调和上，不同的摄影师有不同的色调喜好。有人喜欢黑暗的光影，会用鲜明的对比突出胸部；有人喜欢暖色调，喜欢朦胧梦幻的感觉。不管怎样，只要拍出自己的独特风格即可。

原片

后期

请观看视频，并学习怎样把照片 P 得唯美，更具观赏性和梦幻性。

正面照片难以“隆胸”

需要注意的是，后期的液化“隆胸”，只有照片里的人物是侧身的时候才有可能做到，像本页这种正面的人物照片，就比较难做到了。

第十二讲　大腿的重塑

拥有一双修长的美腿是许多女孩梦寐以求的，那种走在 T 台上的亭亭玉立感及丝毫没有赘肉的大腿和臀部，让多少女生羡慕和渴望。

爱美之心人皆有之。因此我们在修照片时，要考虑模特的感受，怎样把模特 P 得更加修长、美观，而不是拍成什么样就是什么样。在修塑身广告片和减肥茶广告片时，有时会把模特修得面目全非。其实也没必要如此，适当就好。

大腿的重塑（1）

大腿的重塑（2）

难以美化大腿的情况

像上图这种周围线条比较多的情况，要美化腿部就比较难。照片先要放得很大，然后在“液化”对话框中找到“冻结蒙版工具”，把周围的线条先冻结，再小心翼翼地、一点一点地将腿部的赘肉液化掉。这样做会比较烦琐，最好的解决办法是前期用广角或中焦 24~70mm 的镜头半蹲下去往上拍，腿就会被拍得修长许多，从而可免去后期修图的麻烦。

实战 1

扫码看视频

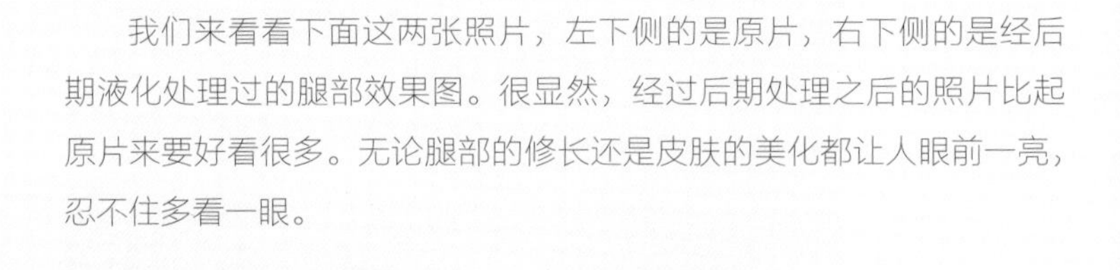

我们来看看下面这两张照片，左下侧的是原片，右下侧的是经后期液化处理过的腿部效果图。很显然，经过后期处理之后的照片比起原片来要好看很多。无论腿部的修长还是皮肤的美化都让人眼前一亮，忍不住多看一眼。

原片

后期

这张照片的腿部处理其实相当简单，因为周围没有线条或柱子影响液化的腿部效果。只要用“套索工具”从大腿部慢慢往下将整个腿圈起来，然后再轻轻向下一拉，双腿即刻显得修长。

也许说起来容易做起来难，大家还是扫码观看视频演示吧！

实战2

扫码看视频

从本页的两张照片中，你能分辨出哪张是原片，哪张是后期处理过的照片吗？它们之间有什么区别？后期都做了哪些微修工作呢？

从模特的坐姿和自然的神态来看，是不是觉得她气质高雅？其实这位模特只是一位化妆师，在我的鼓励下才拍了一两张照片，看起来倒也有模有样。

原片

后期

【考考你】

上面这类照片，要修瘦模特的双腿就比较容易。因为周围没有影响修图的各种线条，想修哪里都比较容易，而且不会让周围的环境变形。照片中的这位模特身材比较苗条、腿部比较修长，不需要更多的后期处理，只要轻轻地微修一个部位就好了。那么，我 P 了哪里呢？请大家仔细对比一下，看看是不是有一点区别。

手指的美化

第十三讲　手指的美化

纤纤玉指，白嫩且修长，没有凸出的指节，凡是女人都希望拥有这样的手指吧。试想，作为一个女人，如果手指粗短肥胖，且无线条可言，那将是一件多么令人沮丧的事。然而，不是人人都能拥有这么漂亮的手指的，那么如何用 PS 美化手指呢？

纤纤玉指照片集锦

如果发现模特的手指特别漂亮，不妨多拍几张手指的特写。上图中模特的手指就属于纤纤玉指，既修长又精致。

实战 1

扫码看视频

下面原片中的手指有点瑕疵，需要进行后期液化处理。经过后期修正过的手指，肤色做了提亮和润色，是不是稍微液化后效果就立竿见影呢？所以千万不要小看 Photoshop 的强大功能，一个小小的微修就可以使照片锦上添花、至臻完美。

原片

后期

实战 2

扫码看视频

右图是原片，下方这张照片经过了后期的艺术处理。除了把手指稍微做了修整外，还重新做了构图和裁剪，而且把肤色也修漂亮了。粉粉嫩嫩的纤纤玉指，正拿着一粒葡萄往嘴里送，引人遐想。

如果想知道我是怎么P出来的，请观看视频中的具体操作。

原片

后期

第十四讲　牙齿的美白

拥有一口洁白而整齐的牙齿，不管是男人还是女人，都会喜上眉梢、欢笑多多。倘若是一口参差不齐的四环素牙或老黄牙，定会让人笑不出声来，拍照时也只能紧闭双唇，或者微微一笑就好了。谁愿意在照片上露出一口七倒八歪的黄牙呢？

好在现在口腔医院有了牙齿矫正和烤瓷牙贴片，可以对牙齿进行矫正和美白。虽然痛苦，但起码可以让你露齿一笑、不再苦闷。

漂亮的牙齿（1）

漂亮的牙齿（3）

漂亮的牙齿（2）

当然，就算拍了一口不够整洁的黄牙，我们也用不着紧张，因为后期的PS修图工具可以把模特的牙齿修得白白净净、整整齐齐，就像天生的一样。（当然本页照片中的女孩的牙齿原本就是漂亮的）

总之，记住一个理念：如果模特牙齿洁白、整齐，那么可让其多笑，因为不用怎么做后期去P牙齿；如果模特牙齿长得参差不齐或颜色比较黄，那么尽量避免让其露齿笑，或者摄影师尽量避免拍到牙齿，除非摄影师自己会后期修整。

牙齿漂亮，多露齿笑

牙齿不齐，多微笑

左边照片中的这位模特不但长得小巧玲珑、甜美可人，而且演技了得，自然不做作，既清纯又清新。唯一的遗憾就是她的牙齿稍欠整齐。我们可以扬长避短，拍出她略带忧郁和文静清雅的一面，拍出的作品一样可圈可点。

避重就轻的拍摄手法（1）

许多时候摄影师完全可以做到避重就轻、扬长避短，拍出有自己风格的作品来。平时多观察，多留意模特有哪些优缺点，然后扬其长处，避其短处，利用不同的机位和角度，拍出美美的画面来。例如本页这两张照片，模特露齿微笑就好，我要的是她们的神情和眼神，至于牙齿是否整齐漂亮，从这个拍摄角度来看完全可以忽略。

避重就轻的拍摄手法（2）

实战 1

扫码看视频

在下面两张照片中，左下图是没做牙齿美白的原片。这名约旦女子很漂亮，性格也很开朗，朗朗的笑声如银铃般好听，唯一的遗憾就是牙齿稍微黄了一点。

右下图中的牙齿是经过后期 PS 的。有多种方法可以让牙齿美白。第一种最简单，就是把牙齿用“套索工具”圈起来，羽化 3% 左右，然后用“曲线”工具提亮。第二种则比较复杂，首先，需要新建一个图层，颜色选择“灰色”；模式选择“柔光”，然后选中“填充柔光中性色（50% 灰）”复选框，不透明度设为“100%”；接着用白色笔刷（不透明度设为 25% 左右，流量约为 35%），对着牙齿部分慢慢刷白，直到看上去自然、舒服为止。

原片

后期

还有其他美白方法，如把牙齿圈起来变成黑白即可。（请观看视频学习如何美白牙齿）

实战 2

扫码看视频

第 18 届环球华裔小姐大赛广东赛区总冠军徐悦玲小姐端庄典雅、仪态万千、皮肤雪白，唯一不足之处就是有颗牙齿稍有欠缺。虽然无伤大雅，但作为演艺界的女孩，总是要求尽善尽美。于是我给她的牙齿做了微“整容”。大家对比一下这两张照片，能看出来我整了哪里吗？

后期

皮肤的美白

第十五讲　皮肤的美白

现实中有个奇怪的现象，黑人喜欢白人的皮肤，而白人却喜欢把皮肤晒黑。我们黄皮肤的中国人呢？当然是喜欢比较白净的皮肤。

所以一般而言，模特不喜欢摄影师把自己的皮肤拍得黑黑的。如果前期能把模特拍得白净自然最好，但在许多情况下，由于光线不足或背光，模特的皮肤拍出来会显得有点发黑或暗黄。好在有 Photoshop 等修图工具，模特的皮肤想要多白就有多白。

实战 1

扫码看视频

大家觉得下面这张照片怎么样？模特的皮肤够白嫩、够漂亮了吧？没错，确实白嫩，甚至白里透红。这张照片是在下午 4 点过后的太阳底下用侧逆光拍摄的，当时还打了反光板补光。不然逆光拍照，身上的皮肤没有这么透亮。

后期

原片

左侧这张照片是原片，看上去也不错，只是皮肤稍微暗黄了一点。对此原片我做了以下几点后期处理。

（1）液化了脸形。

（2）提亮了皮肤。

（3）美白了牙齿。

（4）把照片重新裁剪，拉直了水平线。

（5）把左上角的白色东西 P 掉了。

现在再来对照一下这两张照片，能看出来区别了吧！

实战 2

扫码看视频

原片

本页这两张照片基本没多大差别，只是将原片中模特的皮肤稍微提亮了一点。具体操作步骤如下。

首先，在“滤镜”下拉菜单中选择“Camera Raw”选项，在打开的“Camera Raw”对话框中选择右上方的“HSL/ 灰度”选项卡，就会出现“红色、橙色、黄色”等色彩线条。在橙色条处调皮肤，一般往右推移一点，皮肤就会立刻白嫩起来，或者用曲线拉亮。条条大路通罗马。

后期

实战 3

扫码看视频

我们再来看看下面两组照片：右边的照片都稍微做了后期处理，拉亮了肤色和画面。其实，只需在 Photoshop 中把曝光度提高一点，画面即可光亮起来，这是最简单的做法，初学者也容易掌握。现实中，有些人发的照片画面比较灰暗，就是因为不懂后期拉亮画面。只要画面明亮，照片中的人物就会立刻鲜活、漂亮起来。

实战 4

扫码看视频

如果想让模特的皮肤白里透红，还有一个方法，就是在 Photoshop 的“可选颜色”里选用红、黄两色，往左推移调色。如果调得好，就可以把女孩的皮肤调得非常漂亮，但这需要练习一段时间，只要勤加练习，多多尝试，就能利用“可选颜色”和 Photoshop 中的滤镜调出五颜六色的色调。

锐化提高清晰度

第十六讲　锐化提高清晰度

有时候，我们拍出来的照片不是特别清晰。造成照片不清晰的原因是多方面的，如手持相机不稳、光线不够、没用三脚架、没打灯或反光板、对焦不准等。如果照片拍得不好可以直接作废，但如果照片很有特色或模特的表情和动作都很到位，你很想把照片修出来，那就只能通过后期的锐化处理，使照片尽量清晰一些。

实战 1

扫码看视频

我常用的使照片变清晰的途径有两种：一是在"Camera Raw"对话框中设置对比度，提升清晰度；二是在滤镜"其他"选项中选择"高反差保留"选项，半径（R）设置为4.0左右即可，然后单击"确定"按钮，再转到P图页面，在右边的"叠加模式"选项中选择"柔光"，最后合成，清晰度就出来了。（请观看视频操作学习）

原片

在Camera Raw拉的对比度

在滤镜"其他"选项中选择的高反差保留

实战 2

扫码看视频

原片

可根据需要进行选择。如果只想边缘清晰，就选择“边缘清晰”选项，就只清晰边缘。也可以几种途径换着用，不一定非得固定用一种。只要多练习、多比较，就能熟练操作。

对于上面这张照片的清晰度处理，是采用“滤镜”选项中的“锐化工具”对照片进行的锐化。锐化的途径有多种，如防抖、锐化、锐化边缘、进一步锐化、智能锐化、USM 锐化等。

上图是锐化前的原片，下图是锐化后并进行了磨皮的效果，磨皮后还可以再锐化一次。

后期

实战 3

扫码看视频

人物锐化完成后，还要进行磨皮。在磨皮前先要复制一个图层，根据需要，磨皮有几个力度可供选择。我一般选择默认的轻度磨皮。有时候如果人物的皮肤很干净，去完痘痘后不磨皮也行。之前复制的一个图层是磨皮后要用的。把图层 1 的眼睛图标暂时关闭，使图层 1 暂时不可见，在图层 2 上新建一个蒙版，然后用白色笔刷在眼睛和眉毛上用 100% 的力度把锐度刷回来。之所以隐藏图层 1，是因为磨皮时眼睛的清晰度也跟着磨掉了。

原片

后期

笔刷刷过的眼睛暂时是一片白色的，然后把图层 1 的眼睛图标打开，图层 1 显示，白色消失，表示完成，眼睛也保留了清晰度。其实也可以用同样的方法把头发和衣服等其他不想被磨掉的细节刷回来，保留磨皮前的清晰度，因为我们只是想把皮肤磨得够漂亮。

实战 4

扫码看视频

此外，对照片锐度的把握也是有讲究的。过分锐化，就会使人像的轮廓边缘像锯齿一样（放大后看），显得不自然。锐化的标准应该是边缘过渡平滑流畅，没有明显的人为痕迹。有时候如果颜色对比度、光亮对比度不正确，人物的轮廓也会出现紫色边缘，这属于不正常现象。

后期

原片

一切矫枉过正都是不可取的。我们既要掌握 Photoshop 操作的基本功能，又要具备 P 图的美学观，才能创作出优秀的作品。

扫一扫，打开视频，看看我是如何锐化上图的。

虚化图片

第十七讲　模糊、虚化的妙用

对于许多初学摄影的人而言，首先追求的是把照片拍清楚，这并没有错。如果连照片都拍不清楚，后期根本无法进行。当你过了追求清晰的阶段后，就想来点模糊。模糊也是一种摄影的艺术，有时照片过于清晰反而失去了神秘的意境。

因此，摄影师可以适当拍点模糊的作品和朦朦胧胧的画面。当然，要模糊得有意境，模糊得令人叫绝。我们的国画中不就有很多作品表现这种烟雨朦胧的空蒙意境吗？

背景虚化

模糊也是分层次的

摄影师对模糊、虚化如何把握，主要是看突出什么主题，忽略什么内容。如果想突出人物，就把无关紧要的环境模糊掉，如前景或背景，抑或是无关紧要的陪衬人物。例如，上面这张照片就是把背景虚化了，只突出人物的神情及她所欣赏的梅花。重点突出、背景虚化，这是我拍摄时就考虑好的，从而做到胸有成竹。

虚化产生光斑（1）

虚化产生光斑（2）

虚化产生光斑

在有阳光的情况下，虚化背景会产生斑驳的光斑，能给画面增添几许美的效果，如上面两张图所示。试想一下，如果背景画面都清清楚楚，那一般是手机拍照的效果。但即使是手机拍照，现在也有了虚化的设置。我们所追求的是摄影的艺术美，而不是像傻瓜相机那样只要会按快门就行。虚化产生光斑的前提是要有大光圈的镜头，所以设备得跟得上。

前后景虚化（1）

前后景虚化（2）

前后景虚化

初学摄影时，要想做到前后景都虚化也是很不容易的。其实做起来也并不难，只要调大光圈，把镜头放在前面有花卉或树叶遮挡的地方，透过花卉或树叶，把焦点对准模特就行了。这样既虚化了前景，又虚化了背景，一举两得，画面中多了实实在在的朦胧美，如上面两张图所示。

烟饼的妙用

买几十个烟饼，在野外摄影时，如果遇到阳光穿透树叶枝丫的情景，赶紧点燃几个。拿着烟饼在模特周围转几圈，当阳光从叶间缝隙穿透下来时，便会产生烟雾弥漫的光线，一幅幅梦幻般朦胧的画面就会出现在镜头里，如本页两张图所示。赶紧找好角度构好图，按下快门，美照等着你去收获。

如果在前期拍摄时忘了模糊、虚化，我们如何通过后期达到模糊、虚化的效果呢？接下来我们一起来看实战操作。

烟饼的妙用（1）

烟饼的妙用（2）

实战1

扫码看视频

将左下方这幅图的对比度和清晰度都降低若干，画面就会出现比较朦胧、不那么锐利的效果了。当然，这其中还涉及色调的调整。具体操作请观看视频。

原片

后期

扫码看视频

降低清晰度、产生朦胧美。我们来看看下面这两张照片。左下图是原片，没有经过降低对比度和清晰度的处理，显得相对清晰，但画面肤色比较灰暗。右下图经过降低对比度和清晰度的处理，不但朦胧起来，而且显得比较柔美，同时还带有一点溢光的感觉，给人以舒服的视觉感受。所以我们在处理照片时可采取不同的锐度处理手法，不要千篇一律，没有变化，美可以由你产生。

原片

后期

提高画面通透度

第十八讲　提高画面通透度

有些照片的画面需要比较灰暗的效果，以营造一种神秘或压抑的氛围；而有些照片需要通透、明亮的效果，以表示愉悦、开心。照片的明亮、通透与照片的灰暗、压抑往往都是根据主题或画面表现的故事来决定的，而不是自己想怎么样就怎么样。

实战 1

扫码看视频

在这两张照片中，右下图是未做后期的原片，左下图是经后期提亮后的照片。从画面来看，阳光明媚，心情也是明朗的。后期只需稍微提高曝光度，就可以把画面变得明朗起来，让人看着舒服、不压抑。

后期

原片

我们应该学会对画面明亮度的把握，什么时候该亮一点，什么时候该暗一点，如果把握得恰到好处，照片的视觉效果就会大不相同。

扫码看视频

在这两张照片中，我们可以看出左下图明显曝光不足，所以画面显得比较暗黄，就只能通过后期把它P亮。很简单，在Photoshop中提高曝光度，然后在“可选颜色”工具中通过红黄两色来调整皮肤的红润度。

原片

后期

原片

后期

第十九讲　压暗画面

我们在拍摄时有时会把画面拍得太白，使整张照片看上去曝光过度，没有层次和质感。在这种情况下，我们在做后期时就必须把画面压暗一点，以显示出它的层次和质感，让人看着舒服、不刺眼。

灰暗的色调（1）

什么心情配什么色调

有时候为了画面故事的需要，为了配合故事的演绎，我们有意压暗画面。心情压抑时一般不会配上阳光明媚的色调，灰暗不通透的色调似乎更符合此种心情。如果前期拍不出这样的效果，后期就必须 P 出来，如本页图所示。

灰暗的色调（2）

压暗画面，营造朦胧气氛

压暗画面是为了剧情的需要，以营造出温馨、朦胧和暧昧的气氛，如本页图所示。如果我们不会后期，不懂怎样通过后期去渲染自己的作品，那就只能靠模特的演绎了。这好比好莱坞拍的大片，如果没有后期的特技和美化，就只能看到演员在游泳池里“战狂风斗恶浪”，而不是电影银幕上的惊涛骇浪了。

压暗画面，营造温馨气氛

实战 1

扫码看视频

大家猜猜，这两张照片是同一张吗？是白天拍的还是晚上拍的？图 2 是原片，拍摄时把窗帘拉上，把室内的其他灯关掉，只保留蜡烛的光源。但画面还是不够昏暗，于是我做了一点后期处理，复制了一个图层，采用“正片叠底”模式，把画面压暗了些，再把需要明亮的部分通过蒙版擦回来，于是便有了图 1 的这张效果图。

图1

图2

扫码看视频

下面这种似是无助、似是忧郁的神情的照片，被 P 成灰暗、压抑的画面是可取的。倘若 P 成百花争艳、彩蝶纷飞的画面则是不合适的。因此，在寻找背景图层叠加时，除了要与主画面相匹配，还要将背景图层的画面压暗，并把色调统一，如统一为黑白色调。

原片

背景图层

后期

扫码看视频

原片

我们再来看看这两张照片的差别。原片画面比较光亮和平淡，明暗对比不明显。而后期压暗了画面，还稍微做了裁剪，并把背景中两条白色的竖条 P 掉了，使画面人物突出、更有美感了。（请观看视频操作）

有些摄影师做出来的照片没有令人惊艳的效果，就是因为后期没有做到位，在 P 图时不舍得下手，中规中矩。

后期

抠图

第二十讲　抠图

后期抠图是 Photoshop 中的一个步骤。学会抠图，便可天马行空，“张冠李戴”。只要你有想法，创意和耐心，便可把风马牛不相及的画面抠到一起进行合成，从而生成精彩的画面。

总之，学会抠图，且能娴熟运用，便能尽情地发挥自己的才能，做到随心所欲，创造出具有视觉冲击力的大片来。

合成图

上图是一幅经后期抠图的作品，右侧两幅图便是原片。其中一张原片是在广州摄影棚里拍摄的照片，经过约一个小时的后期抠图合成，立刻变成了在海边舞剑练功的画面。如果不说明是抠图合成的作品，作为初学者的你可能一时还很难分辨它的真实面目。合成之后，还要把光影色调重新糅合，才能让背景显得逼真。所抠之图和背景图只有在光源、色调及人物等各方面风格一致时，才能使其融合为一体，避免出现貌合神离的假象。

背景图层

棚拍原片

实战 1

扫码看视频

这是一组比较复杂的抠图合成实战案例。我们首先要把原片的模特抠出来，放到背景图层中，然后再做其他的后续工作。（具体操作请看视频演示）

原片

背景图层

合成制作后的成品图

脚底没有阴影

脚底P上了阴影

在进行抠图时，需要注意以下几点。

（1）抠图的工具有好几种，第一种是使用“套索工具”沿着人物的边缘抠，第二种是使用“钢笔工具”一笔一笔抠，抠完线条后合拢对接。

（2）按“Ctrl+C”组合键复制抠出来的图层，然后再按“Ctrl+V”组合键将其粘贴到选好的背景图层中，放到适合的位置上，最后合成。

（3）要统一整幅画面的色调，使之看上去自然、协调。颜色的协调、光影的一致，都是必须考虑的。

（4）给抠出来的图做上阴影，不然就会显得人的脚不着地，悬在地面上，不符合实际，如上两图的对比。

（5）在P阴影时也要根据相关参照物的阴影方向来做，不要与自然规律背道而驰、弄巧成拙。

（6）阴影的深浅要根据参照物的深浅来做，阴影的大小和长短也要根据参照物来定，这样才不会在同一幅照片中出现有的阴影是早上七八点钟时的，有的阴影是中午十一二点钟时的情况。

扫码看视频

素材

下图是我只拍摄了风光的照片，后来我把上图中的 3 位模特抠出来粘贴到了下图中，然后再复制一个图层，把她们倒转过来，做出一个倒影，算是大功告成。（具体操作请观看视频学习）

合成图

抠发丝后合成图

抠图最难处理的是边缘发丝，我的 P 图老师曾经教了几种抠发丝的方法，但都比较麻烦，我自己最后摸索出一套叠加模式，保留了发丝的完整性。在下一讲中我会专门讲解叠加技巧。上图是抠完发丝后的合成效果，发丝保留得很完整。

在 5 年上万个小时的 P 图操练过程中，我悟出了一个道理：要想成功，不能放松，持之以恒，天天练功。只有这样才能做到年纪大并不可怕，心有多大，舞台就有多大。

叠加合成图

第二十一讲　叠加合成

叠加合成是我最喜欢的一种 P 法。经过 5 年约 1 万个小时的不断摸索，我钻研出了一整套叠加合成的技巧，既能快速叠加合成，又能清晰地保留模特头上的发丝，甚至毫发无损。这种又快又好又真实的叠加玩法，让我大大节省了时间。别人几个小时甚至半天才能 P 出一张照片，而我 1 个小时就可以 P 出好几张照片，一天做出几十张不费吹灰之力。这就是大家觉得我这么神速，下午刚拍的照片，晚上就能做出来，而且一 P 就是几十张，质量也很好的原因。

实践证明，熟能生巧，天下无难事，只怕有心人。

叠加合成图

原片

上图是因为我晚上做梦有了灵感，半夜爬起来叠加而成的作品，我将其命名为《梦境》。

在图中，一名美少女沿铁轨走去，发现前边浓烟滚滚，海水沸腾，铁轨陷入海中，无路可走。她东张西望地寻找出路，人虽淡定，内心却几近绝望。逃出困境是她此时唯一的意念。

左上图也是一幅经过后期叠加而成的作品。模特 Angelina 是一位俄罗斯女孩。找一只猎豹做素材，把两张照片叠加合成，就变成了现在这幅“美女与野兽”了。在叠加时画面颜色也跟着加深变鲜艳了，一举两得。

叠加合成图

原片

再来看看右下方这两幅图，叠加后的画面更加漂亮有意境，视野更加开阔，朵朵桃花飘落在油菜花田间；女模特的身材被拉长了，脖子变细了，皮肤变白了，美得像油画一样。

叠加合成图

原片

叠加合成欣赏（1）

叠加合成欣赏（2）

为什么要叠加，用原片不好吗

有人会问，为什么要叠加，用原片不好吗？如果原片拍摄得很精彩，且各项指标都能达到，如光影、意境、构图都完美，当然直出原片最好了。但有时拍出来的原片因各种原因，如天气、意境、画面等不够完美，很难令人产生欣赏和琢磨的欲望，这时不妨考虑做点后期处理。不管是前期作品还是后期作品，能让人欣赏并想去模仿的作品才有价值。本页照片都在原片的基础上进行了叠加合成，画面内涵变得更加丰富了。

一张或一组平淡无奇的照片随时都会让人放弃观赏，而且过目就忘。总不能玩了十年八年的摄影，还只能拍出让人过目就忘的照片吧？总得有所长进，有内涵才行。即使是后期制作的作品，也只是在原片的基础上加以完善而已，这也就是人们常说的“源于生活而高于生活”的艺术所在。

叠加合成欣赏（3）

叠加合成欣赏（4）

实战 1

扫码看视频

我用一幅原片加上两幅背景素材图，叠加合成一幅新的画面，既非常巧妙地隐去了模特身后的窗框，又完好无损地将模特的发丝保留了下来。这样就省去了抠图时所涉及的发丝的麻烦，且在几分钟之内就可以完成一幅照片的后期处理。这样既忠实于原片的主要框架，又增添了一重意境。在后期的 P 图创作中，大家不妨一试。（现在请大家看这个叠加合成的教学视频）

背景素材 1

背景素材 2

原片

叠加合成图

实战 2

扫码看视频

俗话说，人算不如天算，计划没有变化快。有时提前几天约好的外拍，因为天公不作美，结果拍出来的照片中天空一片惨白，没有云彩的细节。与其将就出片，倒不如换个天空，让原本应该有的蓝天白云再现。下面这两张照片中，图1是原片，图2是叠加合成新的天空后的效果图。你是喜欢原片，还是喜欢经后期处理之后的照片呢？也许仁者见仁，智者见智。让我们来观看视频，学习天空是怎样换上去的。

图1

图2

需要注意的是，不是每一个叠加素材都能和原片相吻合，可以先试一下，如果不行，则需要换另外的素材，不要浪费时间去叠加本来就不相符合的色相和画面。

平时要多积累一些用于后期的各种素材，同一时间段拍摄的素材最容易叠加合成到同一时间段拍摄的照片上。所以在拍照时不妨顺手拍摄一些素材。这是经验之谈！再来看看下面的效果图是怎么得到的，马上扫码看视频！

原片

后期

实战 3

扫码看视频

图 1 和图 2 是两张单独的照片，现在把它们叠加在一起看看有什么不同。

在叠加之前，需要先把图 2 中的人物填充掉，只留下花草。

图 1

图 2

选择一个合适的叠加模式进行叠加匹配。如果选择强光模式，叠加之后的效果如图 3 所示。

图 3

然后在叠加图层中新建一个蒙版，把遮挡了身体的部分杂草擦掉，然后合成照片。还要压暗一些画面，使其显得不会偏白，尤其是裙子。最终效果如图 4 所示。

图 4

原片

叠加作品展示 1

这是两组叠加前和叠加后的作品展示。大家可以从中看出有后期和无后期的照片的区别。经后期叠加了瀑布的作品光影漂亮，大气恢宏，且有广告大片的味道。未做后期处理的照片只是车间里的普通拍摄记录而已，不可同日而语。

后期

后期

原片

叠加作品展示 2

下面两组照片是三四年前拍摄于广州番禺余荫山房的照片，后来经过联想，进行了叠加合成。大家对比一下，尝试着自己去做一做。

后期

原片

什么都要尝试，脑袋不可僵化，僵化的脑袋只会造成故步自封或人云亦云的后果。

后期

原片

叠加作品展示3

下面这两组也是由原片叠加合成的作品。新的作品增强了画面的故事性和艺术感，给人一些新的视觉思考和P图思路。艺术在于不断创新，摄影的艺术形式也在于不断探索，有努力就会有收获。

原片

后期

对于玩摄影的普通退休人士来说，既可以不断进取、有所创新，又可以保持初心——就一个“玩”字，做不做后期、会不会PS都无所谓。只要自己觉得没有压力，玩得开开心心，身体健健康康就已足够。

而我只是多了一点不安分的玩性，总想别出心裁、天马行空地玩出点好玩的东西来。

原片

后期

古装影视剧效果叠加合成图（1）

叠加合成的优点在于时间短、动作快，而且边缘的过渡会显得比较自然，不会像抠图那样，一旦抠得不好，容易败在边缘衔接部位，显得与背景不够融合。

本页这两张照片是在古装模特的原片上叠加上不同的背景而成的，再加上影视形式的字幕，就像真的古装影视剧了！

古装影视剧效果叠加合成图（2）

用大漠素材叠加合成的效果

后期叠加合成素材的寻找

所用素材最好是自己拍摄的，我所用的绝大部分素材都是我自己平时拍摄积攒下来的。素材越多越好，各种题材的都要有，如日出日落、云彩霞光、大海波涛、岩石礁石、雪山草地、花鸟虫鱼等，并分门别类存储起来，在用到时便能得心应手。如果在所存储的素材中确实没有找到合适的，也可到网络上搜索，输入要找的内容，如大海波涛，便会出现许多图片供自己选择。最好选择高清大图，否则合成后也不清晰。需要注意的是，使用别人的照片时，只能用于学习，如果用于商业，需获得图片所有者的授权。

上图即用了我在新疆罗布泊拍摄的大漠素材，叠加合成了一幅精彩的画面。

叠加合成图

素材 1

素材 2

素材 3

素材 4

复杂的图层叠加

上图是一幅由 4 个图层叠加出来的再创作作品，所有的素材均来自网络。大家认真对比一下上面的大图和左侧的 4 张小图。大图就是利用了这 4 张小图一层层叠加合成出来的。之所以拿出来与大家分享，目的是想告诉大家，没有什么是 PS 做不到的。只要多加思索，脑洞大开，就可以创作出许许多多不同风格、不同题材的摄影作品，甚至是现实根本没有的画面，也可以凭想象创作出来，这就是后期制作的强大。强大的后期处理，可以让照片插上腾飞的翅膀，使其锦上添花，更加完美。

现在可以试一下，找 4 张图，将其合成为一张，看看自己的合成技术如何。

改头换面后期作品

第二十二讲　改头换面

在我看来，Photoshop 是无所不能的。在 P 图的过程中，常常需要对美女的脸部做一些修饰，如左眼换到右眼，眉毛切换到另一边，这些都是为了平衡的需要或是从审美的角度考虑的。偶尔还会给人物改头换面，以求达到逼真的效果。

实战1

扫码看视频

本实战介绍的是如何换眼睛，即把模特的右眼换到左眼。下图中模特端庄秀丽的脸上有一对水灵灵的大眼睛。假设模特的左眼有问题，要把右眼剪切后换过去，具体该怎样操作呢？请观看视频。

换眼睛前

换眼睛后

实战 2

扫码看视频

模特在拍照时为了好看，一般都会贴上假眼睫毛。贴得好，衔接漂亮；贴得不好，就会飞出来，有碍美观。此时，后期处理技术就派上了用场，它既可以修复假眼睫毛，也可以把一边的眼睫毛切换到另一边。总之，对于后期来说，这些都是可以轻松处理的。

换眼睫毛后

换眼睫毛前

实战 3

扫码看视频

本实战介绍的是如何换脸。首先要考虑光源是否吻合，难度大不大。我把图 3 中模特的脸换到了图 2 中模特的脸上，然后就产生了图 1 这样的照片：身体是图 2 中模特的，脸是图 3 模特的。光影通透，模特笑容灿烂，画面清新。

图 2

图 3

图 1

换头后效果图

原片 1

原片 2

改头换面 PS 作品欣赏 1

上图是一张换了头部的照片。把原片 2 中那张笑容可掬的脸换到了原片 1 中模特的身体上。

考考大家的眼力。在上面的大图里我除了替换头部，还做了哪些美化工作？大家仔细看，如榕树干、裙子等。

换头后效果图

改头换面 PS 作品欣赏 2

有时在创作一个故事时，找不到合适的画面来诠释某个场景中模特的动作和神情，只好采取替换头部的方式来达到这一目的。上图是我 4 年前的习作，我把原片 1 中模特的头换成了原片 2 中模特的头，合成制作了上图的画面。

原片 1

原片 2

换胸肌和腹肌后效果图

原片 1

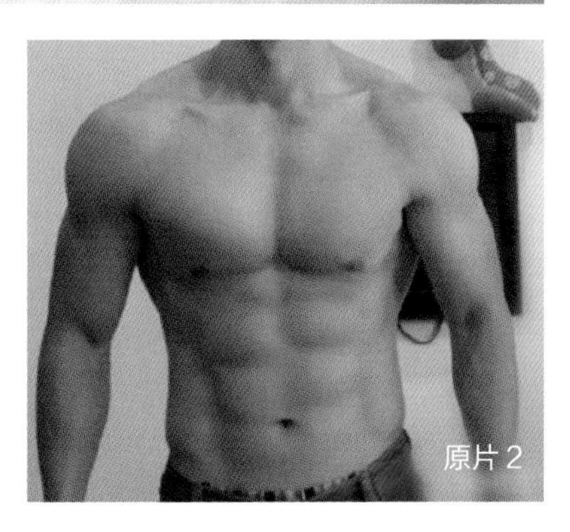

原片 2

换胸肌和腹肌 PS 作品欣赏

这也是一个相当考验 PS 水平的练习。我花了一个多小时的工夫才把原片 2 中这个人的胸肌换到原片 1 中那个人的身上。无论是胸肌的角度还是颜色的协调统一，都要和身体其他部位的颜色基本保持一致，而且还要让皮肤保持质感，这是有一定的挑战难度的。好在 5 年里从不间断的 PS 历练给了我信心，终于在较短的时间内把它合成出来。

后期

原片

第二十三讲　去掉多余、杂乱的部分

正所谓“大道至简”，PS 并没有一些大师们说的那样复杂，其实有些方法是极其简单的。只要掌握了 PS 的基本功能，多练习，便能做到熟能生巧。这一讲就是教大家怎样把画面简洁化。任何多余的、影响画面整体美的东西都可以被 P 掉，简简单单的画面，越干净越好。

后期

原片

通过上面这两张照片的对比，可以看到，原片的画面中多了游客和护栏铁索，影响了画面的整体视觉效果。通过后期的填充手法，把多余部分填充掉，或者用“仿制图章工具”盖掉，画面就会立刻干净，从而让观者的注意力集中到模特身上和滔滔的江水上。

实战 1

扫码看视频

在拍照的过程中难免会拍到一些不想要的内容，如游客、蹭拍者和杂物等。在用 PS 处理这类照片时，就应该尽量把这些多余的内容 P 掉。例如，下图中的护栏被 P 掉之后，画面就显得更加幽深和纯净。请观看视频，学习怎样去除杂乱内容。

扫码看视频

在上面的原片中，模特身旁青色或白色的水管等杂物影响了画面的整体美，使照片显得比较杂乱和低档。解决的办法很简单，就是用“多边形套索工具”把杂乱的东西逐个圈起来填充掉。经过简单处理后的照片，画面更加干净唯美了一些，如下图所示，能让观者一下子抓住重点：新娘子走在山间蜿蜒的小路上，夕阳的余晖印在发丝间，染上了几许金黄。

考考你 除了去掉杂乱的塑料水管外，我对照片还做了什么修改？

扫码看视频

原片

本实战中所讲的后期处理方法是属于比较细致地去除杂物的 P 法。可采用复制图层、正片叠底的方法，压暗周围画面，用蒙版刷回人体的光亮部分，一次不够就再正片叠底一次，一直压暗到满意为止。这样可以 P 出油画般的效果。我通过视频演示给大家看。

后期

扫码看视频

原片

去除杂乱，除了用前面讲到的填充法，还可以尝试采用下面的方法。首先，复制一个图层，采用正片叠底的模式压暗画面。其次，建立一个蒙版，擦亮人物的部分，注意笔刷的大小要合适，边缘过渡要自然。最后，也可将画面由彩色的转换成黑白的，增加深沉感。请观看简单的视频操作。

后期

扫码看视频

原片

我们再来对比一下这两张照片。原片经后期动感模糊之后，更加突出了人物。不一定非得填充掉影响画面的东西，有时线条太多或过密，无法被 P 掉，那么采取动感模糊或径向模糊的方法就可解决这个问题。具体做法是：先复制一个图层，然后在“滤镜”下拉菜单中选择“模糊”模式，如径向、动感、高斯模糊等；模糊后用蒙版刷回需要清晰的部分，其余部分保留一定程度的模糊即可；最后压暗一些四周的画面，一幅有欣赏价值的作品就出来了。

后期

通过点烟饼去除杂乱（1）

通过点烟饼去除杂乱（2）

通过点烟饼去除杂乱（3）

通过大光圈高曝光去除杂乱（1）

通过高曝光去除杂乱（2）

去杂乱前后期的一些补救方法

条条大路通罗马，如果不会后期制作，或者不想进行后期P图，也可以在前期拍摄时做足功夫，使画面“大道至简”。具体方法有以下几种。

（1）点烟饼制造烟雾或用其他方式，朦胧虚化掉背景就可突出人物。

（2）通过前期或后期的高曝光来大大提亮画面，以达到去除多余杂物的目的。观者关注的是画中人的肢体语言与动作造型，不是人物周围的窗户、窗帘布等背景。摄影师拍摄要懂得取舍和符合大众的审美情趣。

去杂乱前期的一些预防

最容易使画面干净的方法就是前期拍摄时调大光圈，把背景虚化。一个 F2.8 的大光圈总比 F5.6 或更小的光圈要虚化得多。高度虚化的背景自然就突出了人物，也省掉了后期 P 图去杂物的麻烦，简单又容易，如下面两幅图所示。

当然，如果背景环境的景色已经很干净漂亮了，过度虚化就不需要了，适当兼顾优美的环境也是可取的。

调大光圈，虚化背景（1）

调大光圈，虚化背景（2）

去杂乱前期必须考虑的问题

在前期拍摄时只要每时每刻心里都想着唯美、简洁的画面，就会根据自己心中的意境和干净的画面去取景，而不会把杂乱无章的景物拍进去。后期处理只是对前期忽略的问题或前期无法做到的需求加以纠正和修补。简洁干净的画面也是可以直接拍出来的，如下面这一组照片所示。

取景简洁干净示例

不同色调展示

第二十四讲　色调的处理

把摄影作品进行后期色调处理，是必不可少的一门技术活。不能几十年如一日，拍出来的照片千篇一律，不管什么主题，也不管什么画面，都是同一个色调。那样真是“以不变应万变”了。可是会后期处理的人就可以锦上添花，使画面色彩缤纷了。因为画面主题所赋予的色彩永远都是千变万化、因景而异的。只有懂得色调的调配，才能“烹饪”出不同品位和格调的摄影作品来。

不同的作品，不同的色调

我专门学过 Photoshop，也特别喜欢每天都用 PS 修改一些照片，如给画面重新调色，调出“面目全非”的色调来，以 P 图为乐。

像上面的几幅作品，就是在原片的基础上进行过后期重新调色的。这也是 5 年前我刚学 Photoshop 时自己练习调色调的作品。

实战 1

扫码看视频

色调是为作品服务的。根据不同的主题和画面，可采取不同的色调处理方法。例如，上图的原片中阳光明媚，银杏飘黄，给人一种“深秋无限美，只是近寒冬”的感觉。估计许多摄影的朋友都会保留其原色调。

考虑到画面主题，女主人公神情落寞，似乎在回忆曾经的似水流年，怀念那些儿时的玩伴，然而再也无法回到过去，心中的无奈都写在了脸上。所以我用了这种比较偏冷的青灰色调来紧扣主题，效果如下图所示。

实战 2

扫码看视频

不同的色调诠释着不同的画面内涵。上面两幅图分别是两种不同色调的画面，图1已在图2的色调基础上被调成陈旧、发黄的油画效果，以示对“别梦依稀，恍如隔世”的追溯：景还在，人无踪，欢歌笑语逝如风。蓦然回首，繁华落尽曲已终；多少浅唱低吟，弹指间转头空。

图1

图2

实战 3

扫码看视频

原片

原片

下面这一张照片是经过后期叠加和色调处理的作品。是不是有点非洲野生动物园的感觉？那么这张照片是怎样一步一步被创作出来的呢？请观看视频操作。

后期

实战 4

扫码看视频

原片

后期

有些色调是非常容易处理的，如变成黑白、降低饱和度等。但要处理得恰到好处，使画面充满美感且值得欣赏，就需要不断地摸索和练习。只有反复推敲，反复比较，才能慢慢地调出好的色调来。

后期

这两组黑白照片也是我 5 年前初学摄影时 P 出来的作品，至今我都很喜欢这种色调。

原片

实战 5

扫码看视频

下面通过视频教学给大家演示一下女孩白里透红的肤色是怎样 P 出来的。有时在拍照时，由于光线不足或没有适当的辅助光源，拍出来的人像肤色比较暗淡，肤质不够光滑和白里透红。只要是使用“Raw”的格式进行拍摄并存储的照片，就可以在 Photoshop 中进行充分润色，并调出白里透红的肤色来。

大家对比一下这组原片和经后期调色处理的照片，经后期处理过的照片中的人物肤色是不是白多了，而且还白里透红？

后期

那么具体怎样调呢？其实很简单，在 Photoshop 的“可选颜色”选项中使用红、黄两色调配就可以了，或者在“Camera Raw”对话框中的“HSL/ 灰度”选项卡中将橙色拉亮一些，皮肤立刻就白净起来了。最简单的方法是在手机中就可以直接将收藏的照片编辑调色，调高亮度。但手机调色可能会损失照片的像素，影响清晰度。

原片

实战 6

扫码看视频

后期

我们不必每次都用数码相机的原装色调，有时可用Photoshop调出有别于相机中的普通色调，调出自己喜欢的色调，以跟画面的主题相吻合。例如这一组红军女战士主题的照片色调，我降低了色彩的饱和度，将之变成低饱和度的色调，是不是显得有年代感了？

原片

实战 7

扫码看视频

原片

我们经常可以看到一些摄影师调出来的各种色调，以诠释不同风格的主题和色彩。例如，下面这张大图就是利用 Photoshop 调出来的作品。操作很简单，几秒钟就可以调好。（请观看视频）

后期图中的雪花飘飘也是后期添加上去的。可以下载雪花插件，将其安装在 Photoshop 中，用时就非常方便了。

后期

不同色调 PS 作品欣赏 1

这是一组暖色系的室内人像作品，调出来的色调具有令人愉悦的视觉感受，而不是令人压抑的黑暗色调。至于色调与人物的性格和心情是否有关，有待读者去探索。

暖色系室内人像作品精选

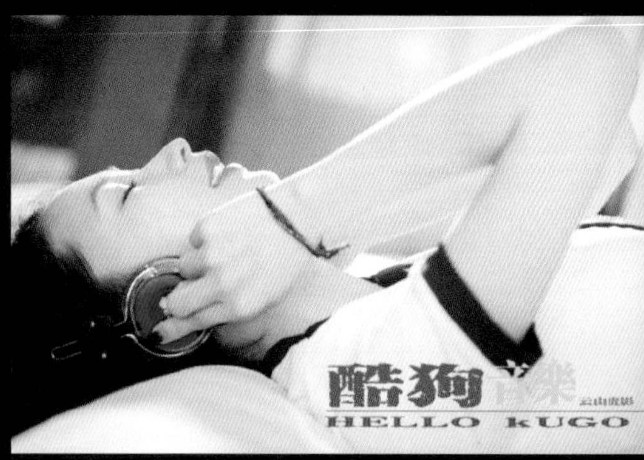

不同色调 PS 作品欣赏 2

这是一组白色、高调的室内人像作品，带给人洁白无瑕的视觉美感。清清爽爽、干干净净的女孩，以及简洁、明快的画面，总是讨人喜欢的。

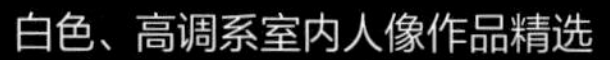

白色、高调系室内人像作品精选

不同色调 PS 作品欣赏 3

黑白色调是永恒的色调，永远不会过时，且总带有一种历史沧桑感，仿佛不经意的流年，制造了历史的永恒。看着这些黑白照片，追忆当年的笑语与无奈，剪不断，挺耐看。这就是黑白色调的魅力所在。摄影师又怎会不爱？

黑白色系人像作品精选

不同色调 PS 作品欣赏 4

色调决定了照片的品质和品位。因为它关系着照片的看相和卖相。就像商品的包装，若包装盒做得精致漂亮，且色调美观大方，又有独具匠心的设计，就比较吸引人。一张调得高雅不凡的照片，也能吸引观者的眼球。因此，在学习调色的过程中，应该多学习，多模仿，多看好的作品，多给自己一些启迪，便于自己更好地利用色调技巧，调出让人眼前一亮的佳作。

其他色调人像作品精选

换背景天空作品（1）

换背景天空作品（2）

第二十五讲　换背景天空

摄影要讲究对光影的应用，光影漂亮与否往往取决于天气的好坏。晴空万里，朵朵白云飘于其间，岂不美哉！黄昏时分，落日的晚霞又是另一番让摄影师痴迷的美景。但有时天不遂人愿，天公不作美，在此情况下难道千里迢迢而来的你，就白来一趟？

好在有了 Photoshop，不但可以瞬间把照片变得“高大上”，而且可以弥补天气不佳的遗憾。如今网上的摄影作品，不少是经过后期的处理而变得惊艳绝伦的，这其中一绝便是更换天空。

图1

图2

我们来比较一下这两张照片。图1是原片，天空处没有细节，白茫茫的一片，怎么看都不是一幅完美的照片。于是，我将一幅天空的图片叠加上去，照片立刻鲜活了起来。画中人如仙女一般在天庭的荷花池中腾云驾雾。如果没有更换背景天空，就无法产生更美的联想，也无法出现更赏心悦目的画面。

实战 1

扫码看视频

下面通过视频给大家演示一下如何更换背景天空。其实很简单，只要把找好的素材叠加到要 P 的照片上，选择一个合适的叠加模式进行叠加，然后创建一个蒙版，把多余的东西擦掉即可。最后再合并图层，便大功告成。不过说起来容易做起来难。大家还是仔细观看视频，或许就能立刻明白了。

叠加合成图

素材

素材

实战 2

扫码看视频

我们在拍照时难免会遇到不好的天气，天有不测风云。如果是大雨滂沱，或是阴天，拍出来的照片中天空只是白茫茫、灰蒙蒙的一片，此时有两个选择：一是使用原片（图 2），二是后期使用素材（图 3）叠加合成新图（图 1）。从摄影只是记录的角度来看，不管拍得好坏都不得弄虚作假，尤其是人文摄影。但如果从艺术创作的角度来看，不管是前期还是后期，都可以进行艺术加工。前期如放烟饼，后期如添加云彩等。有艺术细胞的人也许更喜欢后者。请观看视频，看我是如何叠加天空的。

图 1

图 2

图 3

扫码看视频

图 1 是原片，拍摄于冰岛。从画面上看不出是早上还是下午。

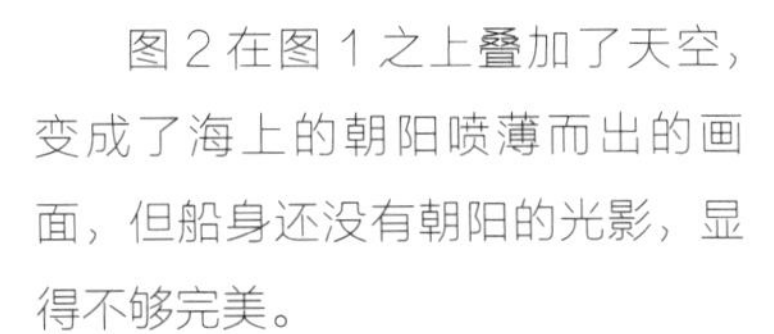

图 2 在图 1 之上叠加了天空，变成了海上的朝阳喷薄而出的画面，但船身还没有朝阳的光影，显得不够完美。

图 3 在图 2 之上给船身 P 上了光影，通过侧逆光的明暗处显现了出来，比之前真实多了。

这就是 PS 的魅力，没有做不到，只有想不到。

实战 4

扫码看视频

图 1

图 1 是原片，天空处没有细节。图 2 在图 1 之上叠加了新的天空，结果沙漠随天空而变色，叠加出来的画面有意想不到的视觉效果。

在拍照片时，有时为了将人物拍得清楚，会选择在强烈的阳光下进行拍摄，而天空又因此被拍得灰白，缺少细节；或者虽然天空有了，但整体上又不怎么好看。这时换天空是个不错的选择。做做后期处理，让画面变美，这没什么不好。艺术本来就是从生活中提炼出来的，文学作品之所以能打动人心，是因为作家文笔优美，把情节写得扣人心弦；摄影作品之所以更具美感，很大程度上是因为 Photoshop 强大功能的助力。

图 2

实战 5

扫码看视频

原片

这一个案例讲的是叠加同一个人到同一幅照片中，从而产生一大一小的艺术视觉效果，类似于拍照的双重曝光。这种叠加也要考虑有没有必要，画面够不够空间，放上去好不好看等问题。

但这里我们要学的是它的叠加模式、叠加技巧及更换背景天空的艺术细胞和娴熟的操作技艺。通过不断的实践检验，开辟出一条属于自己的摄影之路。不管别人怎么议论，通过摄影充实了自己的生活，又帮助了有需要的人，这就是自己的造化。

后期

实战 6

扫码看视频

一起来看看下面这张大照片是怎样叠加合成的。它一共是由多少个图层合成的？怎样合成的？哪个先哪个后？合成出来的照片有没有欣赏价值？

有许多摄影师不缺娴熟的摄影技术，拍照完全没有问题，但其缺乏的是艺术细胞、文学造诣、美学修养和文化底蕴等。当然，这不是一天两天就能获得的。

素材

素材

素材

叠加合成图

换背景天空 PS 作品欣赏 1

换背景天空作品欣赏（1）

本页这两张照片都是我初学摄影时更换过天空的作品。我不喜欢枯燥乏味的天空，在武侠和战争场面的作品中，总喜欢把画面 P 得很炫。虽然有些画面不一定很合理，或者经不起推敲，但这又何妨？要的就是自娱自乐、自我陶醉，并不是为了取悦谁。优美的意境和有故事的画面，便是我孜孜不倦的追求。有人说图不够，文字凑。我有的是图，只是想走自己独特的风格，不喜欢人云亦云。

换背景天空作品欣赏（2）

换背景天空 PS 作品欣赏 2

叠加合成图

素材

原片

上面的大图是经后期更换天空叠加出来的画面。几束“神光”穿透云层，投射在法门寺的建筑物上，显得大气、恢宏、神秘、庄严！更换天空非常简单，在右下方的原片上面叠加左下方的云层图。用合适的叠加模式，如正片叠底或柔光，使用最适合的那个。然后用蒙版刷掉多余的部分，便产生了大图的效果。再用“色彩平衡”功能稍微调一下色调，便大功告成了。

换背景天空 PS 作品欣赏 3

艺术创作，需要灵感的激发，但不是每时每刻都能被激发出来，它也需要土壤——天时、地利、人和。

我发现以前创作的后期作品，现在要想再重新做一遍，都不一定做得出来。因为时过境迁，往事只能回味。下面这组作品换了不同色调的天空，每张别有风味。

换不同色调的背景天空作品欣赏

第二十六讲　常用的滤镜

用 Photoshop 修图一般都会用到滤镜。打开滤镜，就会发现里面有很多功能。不同的功能产生不同的效果。第一个常用的滤镜功能是高反差保留。使用高反差保留功能可以使照片更加清晰，锐度更高。在轻度磨皮之后，再做一次高反差保留，可以令照片基本保留原来的清晰度。

高反差保留（2）

高反差保留（1）

液化

第二个经常用到的滤镜中的功能便是液化。液化的目的是修瘦人体的各个部位，使之更加完美。

第三个经常用到的功能就是磨皮，将经过去痘斑处理后的脸部稍微磨一下皮，使皮肤显得更加光滑白嫩。

磨皮

第四个经常用到的功能是模糊，可以把不想要或者不需要清晰的地方模糊掉，以突出重点。

模糊（1）

模糊不必要的画面既可通过后期制作出来，也可以在前期解决，根据具体的需要而定。

模糊（2）

第五个经常用到的功能是渲染。打开渲染，其中有辅助光源的操作，可以把照片的光影做得更具多向性。

渲染（1）

渲染（2）

第六个经常用到的功能是添加杂色。有时候感觉画面太光滑，人的皮肤在磨皮时可能磨重了一点，缺少质感，这时可以给皮肤添加一点杂色，从而产生颗粒感。

添加杂色

第七个经常用到的功能就是 Camera Raw，在其中可以调整照片的亮度、色温、饱和度等，同时还可以对镜头的矫正、色调的曲线及灰度等做一些微调。

Camera Raw

如果在滤镜中安装了 Nik Software 插件，进入插件之后，单击“Color Efex Pro 4”选项处，会出现许多种色调和色彩风格供用户选择，调出来的照片风格可谓应有尽有，色彩纷呈。

复古风

胶片效果（现代）

胶片效果（怀旧）

印第安夏日

交叉冲印

实战 1

扫码看视频

原片

各位摄影发烧友，让我们一起来重温一下 Photoshop 里滤镜的各种操作步骤，做到温故而知新。对任何技法的使用都是经过由不熟悉到熟悉，再到最后的灵活应用的一个过程。下面我们从头 P 起，一步一步地重温一遍过程。

1. 去痘斑

去痘斑就是把照片中模特脸上的青春痘和斑点去掉，但有特征的可以保留。

去痘斑液化后

2. 液化

液化包括修脸颊、眼睛、鼻子、脖子、腰部、大腿、臀部、小腿等，目的是将其修瘦、修苗条。

3. 磨皮

去完痘斑和液化了脸部等身体部位后，接着就可以给模特的皮肤进行磨皮了。磨皮可以使其皮肤更加光滑白净。

去痘斑液化磨皮后

实战 2

扫码看视频

4. 模糊

把不需要清晰的画面模糊掉，或者对特殊部位进行模糊，以突出重点和需要清晰的部分。

模糊前

模糊后

5. 渲染

渲染是指利用后期的辅助光源，把画面做得更炫，更有光源感，并且可以遮蔽掉一些不需要的杂乱部分。

渲染前

渲染后

扫码看视频

6. 添加杂色

通过添加杂色可以给磨得过于光滑的皮肤增加一点颗粒感和质感。

磨皮过度

添加了杂色

7. Camera Raw

在 Camera Raw 中可以调整照片的亮度、色温、饱和度等。

皮肤偏黄怎么调

低饱和度怎么调

调配色调 PS 作品欣赏

调出来的冷色调

调出来的青灰调

调出来的粉嫩色调

压暗部分画面突出主体

调出来的朦胧梦幻色调

调出来的暖阳色调

调出来的朦胧梦幻和神话般色调

调出来的清凉色调

各种色调 PS 作品欣赏

对于既不是从事商业摄影也非专业从事摄影的人来说，摄影玩的就是心态和心境。色调的调配和混搭都可以根据自己的心情和喜好来进行，用不着斤斤计较，否则会很累，毕竟玩出快乐和健康才是最重要的。

各种色调的 PS 作品展示

第二十七讲　照片的裁剪

照片的裁剪，即二次构图，也是很考验摄影师的审美水平的。一名有艺术底蕴的摄影师，除了在拍摄时讲究构图之外，在用 PS 处理照片时，也会从一张照片的整体视觉效果来考虑，进行必要的裁剪和二次构图，以求达到至臻至美的效果。

前期做足功夫，后期无须再次构图

人物位置的考虑

在拍摄照片时，就考虑好该把人物放在哪里，景物整体该如何取舍。这样既可突出人物，又可看到虚化的环境之美，在后期处理时无须二次构图和裁剪，如左上图所示。

打破常规拍摄

在一张照片中，人物应该摆在什么地方才最适合，是摄影者必须考虑的构图问题。所谓常规的“井字”构图虽有它的道理，但也不是一成不变的，打破常规者大有人在，如左中图所示。

把生活照拍出艺术性

好的构图能给人舒服的感觉，四平八稳而又不失技巧，于平凡中看到艺术，生活照也能透出文艺性，如左下图所示。

实战 1

扫码看视频

有时候对照片进行二次构图和裁剪，完全是为了满足画面的需要，或者是为了一个艺术的图案而进行的切割。

原片

薛宝钗画像

后期

例如，改变一下画面的版面，将其做成椭圆形、扇形或菱形等，以配合古装画风的需要，如左图所示。这都是二次构图的精彩所在，可以千变万化，别具一格。

实战 2

扫码看视频

二次构图有时是为了使所拍摄的照片在结构上更加紧凑，突出人物或者某处景物，以使视觉上的美感达到最大化。下面的照片经过二次构图后，人物看书的专注与淡然、优雅与高贵得到了突出的体现。

原片

二次构图

扫码看视频

你能一眼看出上面这两张照片中哪张照片经过了裁剪吗？为什么要裁剪？不裁剪不行吗？你觉得哪张照片更有美感、更精致，同时又更紧凑呢？

仔细审视，经过裁剪后的图 1 明显比图 2 更值得一看，模特左右两边的门柱被裁剪掉了，画面整体上更加简洁。

有时候细节决定一张照片的优劣。人们在玩摄影时往往不太在意一些照片的细节问题，认为只要自己看得过去就行。如果能玩出“高大上”，玩出品位和档次来，岂不玩得更加淋漓尽致？

图 1

图 2

实战 4

扫码看视频

原片

由于拍照时受场地限制或者人多，机位占不到最好的位置，因此，拍出来的照片有可能会残缺不全。此时倒不如舍全身而求局部，可能会收到意想不到的效果，如下图所示。在摄影后期只需对照片进行重新构图，做个取舍，效果就会大不相同。

二次构图

实战 5

扫码看视频

像下面这样的画面，人多且窗户的线条也多，在拍摄时如果用了广角镜头，那么两边的线条一定是倾斜的。在后期处理时就得用“斜切变形工具”将画面线条拉直，不然东倒西歪的影响美感。

原片

后期

照片裁、修思考 1

一般而言，凡是顶在头上、出现在身体周围的横梁、树干树枝、门窗等比较明显的障碍物，都必须在二次构图或裁剪时想办法修掉。例如右侧这张照片中，模特身后的窗柱刚好“插”在模特的头顶和肩膀上，需想办法把它修掉。

如果用填充的方法进行处理，背后的发丝也会受到牵连。用“仿制图章工具”覆盖也不太好，于是我采用了叠加模式，将窗柱遮住，既不牵连发丝，后面又多了一片瀑布，意境显得更加优美。

原片

后期

裁剪时注意水平线（1）

照片裁剪思考 2

在裁剪照片时，也要考虑画面建筑物的线条是否对直，有没有倾斜，会不会影响到画面的整体美。试想，如果画面的线条和水平线的平衡总是倾向一边，别人会怀疑你没有认真构图。当然，有时候为了构图需要，也会把画面水平线有意进行倾斜。

裁剪时注意水平线（2）

中规中矩构图作品欣赏

中规中矩的构图，有前期也有后期。这些照片都是我刚学摄影时拍的照片。帅哥靓女，表情酷的酷，甜美的甜美。仔细看看，构图基本到位，没有大问题。

中规中矩构图作品精选

大胆裁剪作品欣赏

原片

二次构图

通过本页两组照片的对比，可以看出原片与二次构图后的照片已出入很大，再加上后期的艺术加工，简直就是天壤之别。

二次构图不但对原片做了大胆的裁切，突出了模特的眼神，而且还做了艺术加工。使普通的照片顷刻间变得有品质起来，具有了武侠和艺术之美。

突破你中规中矩和墨守成规的思维定式。脑洞大开，便能出彩，化平淡为神奇。

原片

二次构图

Tiger
云山虎影 image
there is always something
to record in this world
why not just do it
believe yourself
you can make it

TIGER
云山虎影 IMAGE

第五章

P 之专

前面讲了许多 P 图思路和 P 图技法，在这一章主要展示一些我曾经发表在“初页”手机软件杂志上的专题作品。迄今为止，我在“初页”一共发表了 200 多个图文并茂、配有歌曲和音乐的摄影专辑，有不少被推荐为每日精选首页和摄影版首页，其中《九儿》更是以 3000 多万次的点击量及 16 万多次的转发量和 2800 多条留言打破了摄影作品浏览量的纪录。

我想,《九儿》的成功有其偶然性，几乎 5 年不看电视的我那天突然打开电视，听到了《九儿》这首歌。于是我立刻配上几天前拍的村姑照片，当夜发表到“初页”上。不到一个小时这个作品就突破 10 多万次的点击量，一天就达 100 多万次的点击量，令人感到匪夷所思。直到半年后我才发现，原来这个作品被推荐到了首页，全国观众都在转发。

第一讲
梦幻朦胧美
前后期作品对比

后期

原片

后期

原片

譬如本页这几幅作品，通过叠加素材，改变画面单调的色彩和光影，把室内变成了模棱两可的荒野废墟，似梦似幻，似真似假，是照片还是油画？

摄影的艺术创作，没有金科玉律，也没有固定的模式，只要心中有画面，后期就可以P出来。我每天晚上都会做梦，梦让我思绪飞扬，梦让我放飞梦想。

后期

原片

武侠题材作品

第二讲　武侠题材前后期作品对比

对于拍摄武侠题材的作品，如果实打实地拍，画面就没那么精彩。模特的飞檐走壁、一身轻功，其实是通过用威亚吊起来，用滑轮溜过去的方式实现的。真要穿越万水千山，那也是不太可能实现的。拍摄现场只能放放烟雾，被摄者要跳跃飞起的话，有点舞蹈基础的人也许还可以应付，普通人就做不到了；而场景的优美和壮阔，就更无暇顾及了。

解决的办法也只能是通过后期，将画面做得亦真亦假，令人一看便可产生唯美的视觉享受。虽然知道不可能是真的，但就像武侠电影一样，虽然全是后期特技，但能展现导演所要展现的武侠世界。如果全部按棚拍直出，做花絮倒是可以，作为艺术作品，就有点不尽如人意了。

有对比才有进步

右侧是一张普普通通的原片，没有什么特色。天空太白，没有细节，景致也不美，模特表情不温不火。可以说是一张废片。怎么办呢？只能后期抢救，起死回生

原片

完全可以把没有意境或意境欠缺的照片变成意境幽远、画中有故事的佳作。叠加素材，换背景，人景交融，故事情境就出来了，如右侧后期图所示

后期

原片

左侧原片中这个模特的跳跃动作和神情都比较到位，一跃而起，离地一尺。但周围环境不尽如人意，湖水混浊，景物普通。懂后期的话，这些都不是问题

后期

如左侧后期图所示，把人物抠出来放到风景素材中，P 上溅起的几朵水花，在鞋底上也 P 几滴，一幅侠女轻功水上漂的动作大片即刻生成。作图时注意边缘的过渡与周围环境是否相融合，不要有明显的人为痕迹即可

又如右侧这两张照片的对比，右上图是经后期叠加出来的江湖侠女行走江湖的艺术大片，具有梦幻、朦胧、意境优美的视觉效果，恍如雾里看花，亦真亦假。而右下图是原片，就比较务实，没有任何的后期加工，拍成什么样就是什么样

再来看看左侧这组照片。混浊的湖水变成了湛蓝的湖面，断裂的冰面在女侠的脚下铲出冰花，这犹如九寨沟的多彩湖面，岸边秋色点染，让人有秋高气爽的感觉

摄影师有时需要侠客的浪漫情怀和大无畏的英雄主义。别人认为不可能的东西你不妨去挑战一下。右边这两张照片中一张是原片，另一张是经过后期处理的照片。行走江湖总不能一天到晚打打杀杀，吹吹笛子，钓钓鱼，倒也无事一身轻，闲来难得好心情。所以我干脆把原片中的女侠P到了古渡码头素材图片上，让其沐浴在雾霭升腾的朝霞里，把人物和景色的色调调统一

后期

原片

后期

原片

李安导演的电影《卧虎藏龙》是一部非常经典的武侠电影，“侠客竹海剑出鞘，一根竹枝任逍遥”的打斗场景，让影院里的观众目瞪口呆。至于侠女仗剑走天涯，不会喝酒怎壮胆？喝酒也要喝出豪迈，场景也可更加气派。于是我找到一幅竹海的素材图片，很符合这个侠女喝酒的风范，不出两分钟，即叠加成功。两张照片一对比，意境立刻大不相同，大放异彩，奥妙无穷，如左图所示

喝酒是行走江湖的人绕不开的主题，不管是喝得酩酊大醉还是喝得豪气冲天，都需动作和景物的配合。要么醉卧大树底下，要么醉倒小路边上，再不然客栈、酒馆，总得有个适合的场景。如果再浪漫一点，来个月色清凄，湖边豪饮如何？于是我把侠女从竹林移到了湖边。一壶浊酒灌入喉，此景难得几回有？有酒有月色，不知家乡在哪头？无情未必真豪杰，只是未尽江湖还得走，如右图所示

后期

原片

后期

为了拍出江湖侠女的精彩画面，我拍了不少场景，换了不少地方，累得模特满头大汗，精疲力竭，正好给她拍了一幅路边休息的画面。于是我又把竹林P成了连绵的群山，把鹅卵石路P成了车轮碾轧过的泥路，似是侠女走遍了千山万水，累得休于途中，如左图所示

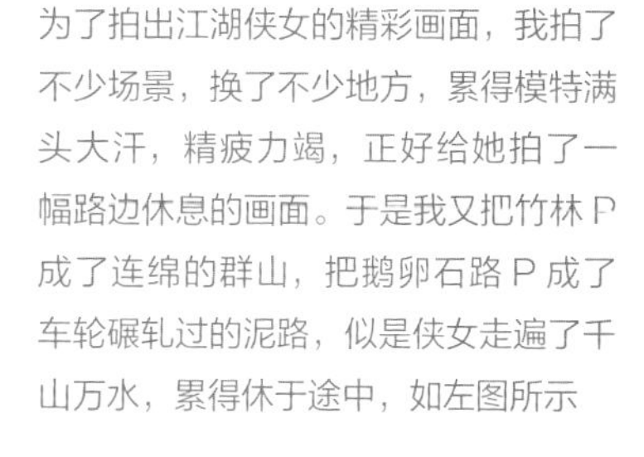

原片

后期

原片

原片

上面这张后期图要着重讲解一下，便于大家更好地理解。背景图层是在新疆罗布泊拍摄的。于是我想 P 出侠女在大漠戈壁纵情舞剑、黄沙滚滚的场面。请仔细对比原片与后期的合成图。除了把人物抠出，放到沙漠上，摆好位置外，还必须考虑几点，如光源的方向要与人影相吻合，没有倒影还要 P 上倒影，平整的沙漠也要 P 上脚印。细节决定功力。为了彰显黄沙弥漫的恢宏气势，后期还叠加了云雾和神光，整个作品才算基本完成。

后期

原片

当大家看到原片时也许已经明白，原来模特的飞身凌空是通过在人字梯上摆出姿势拍出来的，并非像拍电影那样，用威亚吊起来飞过去的。现在我要告诉你的是原片的后期怎么做：第一步，先把人字梯 P 掉；第二步，把模特抠出，放在事先找好的竹林图层中，斜调成飞天状；第三步，P 一个脚底生风的飕飕气流，用径向模糊便可做到，创建一个蒙版，擦去其他地方，只保留脚底生风即可；第四步，把画面颜色调成翠绿色。大家注意到了没有，原片中的那把剑的顶端太短，还需拉长一点，不然不够气派。后期把剑 P 亮一点，不然好像锈迹斑斑，影响整体效果。

摄影也不一定非要天马行空、移花接木，而是完全看个人的喜好和需要。有的照片画面已经很美，意境也有，光影也漂亮，那又何必再劳心费力地做后期呢？譬如本页这两幅照片，我只是微调了一下色调，黄昏时的逆光已经把画面渲染得梦幻迷离，充满诗情画意。

无须后期的一组照片

在有阳光且光影通透的情况下，稍微提升一下画面的亮度和色彩的艳度，就可达到很好的视觉效果。在颜色的调配上，像下面这组画面，彩色比黑白漂亮。而废墟仓库场景的照片需要暗调光影，有时候黑白色调或许更有感觉。如何调整完全取决于画面人物与周围环境是否搭调，摄影的主题是什么。

更适合彩色色调的一组照片

古装题材照片

第三讲　古装题材前后期照片对比

古装摄影是摄影师偶尔会接触到的拍摄主题。时不时拍点古装照片，调剂一下摄影生活，也不失为一种乐趣。不要求像拍影视剧那样专业，我们的目的就是丰富摄影生活。拍摄总得有个构思，拍完更有大量的工作在后面，这就涉及修图出片这一关了。数码相机的遗憾就由 Photoshop 的强大功能来弥补吧！

照片大修与小修

古装修图也可分为大修和小修。大修的图要一点一点放大来修，连阴影是否合理，眼线是否清晰，眼睛是否有神，眉毛是否对称，眼珠是否大小一致，侧脸是否完美等都要考虑，不能有半点的马虎大意。

譬如左边这张原片，因为模特脸上没有痘斑，不用去痘斑，脸形也基本不用怎么修，只需裁剪一下，由长方图变成竖方图，把模特的肤色调得粉嫩一点即可。这是最容易处理的一类照片。

无须后期的古装照片（1）

在本页这两张照片中，模特本身长得靓丽，光影也柔和、漂亮，脸上又没有痘痘，脸形也基本达标，尤其是她那妩媚的眼神和笑容，足够融化一座冰山，不修就很好了，没必要再画蛇添足。要修的都是有缺憾的，这组照片只是将模特的皮肤调白嫩了一点。

无须后期的古装照片（2）

后期

原片

上面这两张照片一对比就显示出其中的不同。原片中模特的脸朝右，画面没做裁剪，光影虽好，但还有提升的空间，模特的肤色还可以更嫩。

后期P过的照片做了脸部方向的调换，色彩也更加亮丽。对原片进行了裁剪，使观者的视线更集中。

像本页这张照片，无须进行过多的后期处理。因为是冬日下午四五点钟，阳光柔和，光影通透，画面已经透露出浓浓的旧时农家意境，只需稍微提亮一点色彩，压暗四周的曝光度，明暗对比就格外明显了。

无须过多后期的古装照片

前后期照片对比

左侧是一张棚拍照片，用纸板挡了一下闪光灯，想制造一点明暗光影，但效果不是很好。再加上光秃秃的墙壁，没有一点艺术氛围。做素材倒是可以利用，任何普通的照片，只要懂得利用，都可化腐朽为神奇。

左侧这张照片是用 PS 加工过的作品。背景叠加了一个国画竹子的图层，立刻显得竹影婆娑。为模特的脸蛋做了光效处理，把脸颊和鼻子的阴暗部着色提亮，左眼加了一点眼神光，再稍作轻微磨皮，将背景与人物的色调统一。

后期

棚拍照片做旧处理

古装棚拍作品有不同流派的做旧处理，如工笔画、画意和水墨画处理等。大家对比一下本页这组照片，就可看出上图的做旧处理。后期降低了色彩饱和度，并添加了花架和兰花盆栽，配上了文字，版式也改为了圆形。

原片

后期

下图是我在佛山亚艺公园拍的一张荷花照片，经后期艺术加工，就变成了另一种画风。灰白的背景突出了出淤泥而不染的荷花，清新淡雅；几条小鱼溜出水域，点缀其间；最后配上文字，使画面更具雅趣。古装题材的照片中经常会用到此类的素材。如果素材美，那么会为拍摄的照片锦上添花。

原片

原片

后期

像上面的原片，只要复制一个图层，采用“正片叠底”模式，就可压暗画面；然后再用蒙版适当刷亮需要光亮的部位，如人物的脸部及周围的明亮过渡；最后再把照片拉正裁剪，得到后期效果图。

简单的后期处理

这张照片的背景原本是一堵白墙，后期换上了一个模棱两可的背景，目的是不想看到光秃秃的一堵墙。在户外拍摄时，太阳光投射在模特的脸上，产生明暗对比，光影可以，再加上一行中英文句子，简简单单，干脆利落，一张照片三两分钟就 P 了出来。

旗袍题材照片

第四讲　旗袍题材前后期照片对比

这一节要给大家展示的是许多女性喜欢的旗袍题材前后期作品的对比，从而揭示后期的些许“雕虫小技”有令作品活色生香起来的神奇作用。

后期

原片

一点“雕虫小技”让照片彰显文艺

通过对比，大家能看出对原片做了哪些小修小补吗？首先，把版式裁切成椭圆形，突出中心部分；其次，液化了一下模特的脸蛋，使脸蛋更瘦；再次，调了一下模特的肤色，微微磨了皮，使其更显得白里透红；最后，打上我曾经用过的 LOGO，一幅作品就完成了。

在本页这组照片中，我将素材叠加到原片上，并做了色调的反复尝试。降低饱和度，先变成黑白，然后再拉回一点色彩，添加几行文字，于是一幅旗袍作品制作成功。

原片

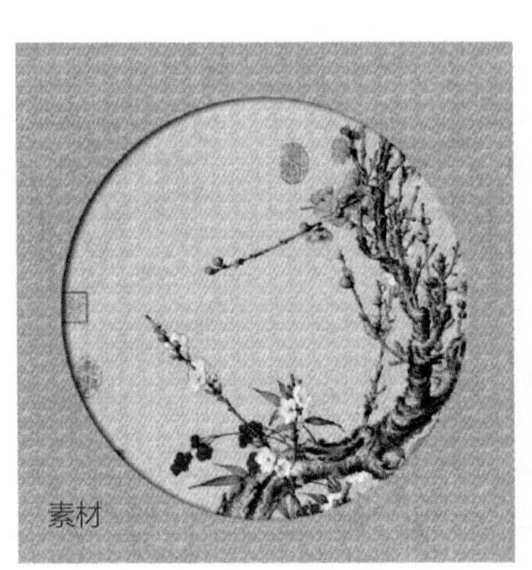
素材

后期

后期

原片

前后期照片对比

来看看上面这组照片。原片因为在拍摄时是逆光，闪光灯不亮，又没有用反光板补光，所以画面显得比较暗黄，于是我稍微提亮了一点画面通透度，再用通道里的“可选颜色”中的红和黄调了一下肤色，模特的整个皮肤就显得白里透红了。

本页照片是在一个顺德的朋友的古屋里拍的旗袍装照片，没有打灯，只是利用户外的自然光进行拍摄的。大家看看，图 1 和图 2 中哪张是原片，哪张是经后期稍微 P 过的照片？你更喜欢哪一张的色调？

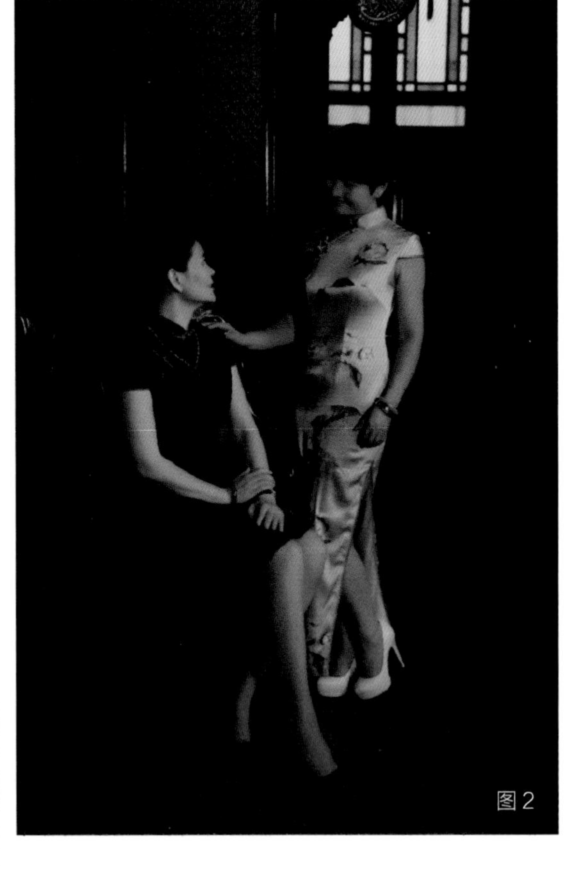
图 2

图 1

在那个年代，没有电灯，仅靠煤油灯照明，即使是皇上的宫殿也明亮不到哪里去，顶多比普通百姓的小小煤油灯要亮一些。拍照要考虑历史事实，体现真实感。

不光中国人喜欢旗袍，就连一些外国女性也喜欢。这不，本页照片中的这个俄罗斯女孩一穿上旗袍，立刻来了精神。尽管举手投足间欠缺中国女孩穿上旗袍时那种婀娜多姿的风情，但也算有点感觉。在处理这组照片时，尽量以淡雅为主，此时不宜把照片色调压得太暗。

一组外国女性的旗袍照片

有些女孩侧脸的轮廓特别精致，在拍摄时可以找好角度多拍几张。然后在后期的制作中进行二次构图和裁剪，顺便调整色调，偏黄、偏淡、偏暗都不可取。

后期

原片

端庄、典雅，气定神闲，

独品一杯香茗，此时无声胜有声，

旗袍的神韵，

体现得淋漓尽致。

《美国队长》海报

第五讲　以假乱真电影海报欣赏

这组电影海报是根据我在网上寻找的美国好莱坞电影海报和某些画面片段，通过 Photoshop 的后期叠加合成，而组成的新的海报画面，以此检验自己的 PS 功力，看看还有哪些不足。要声明的是，本人无意剽窃别人的成果，而是借鉴和练习，在此表示感谢。

对于本页上面这幅海报，我借用了 4 个不同的素材，合成了一幅《美国队长》的好莱坞大片。PS 到了一定的火候就能把不同的画面糅合在一起，进行重新组合，成为新的画面。这需要熟练掌握 PS 的操作技能和各种步骤才能完成，而且还需要画面的合理构图。

2~3 个素材叠加合成

2~3 个素材叠加合成

4~5 个素材叠加合成

4~5 个素材叠加合成

2~3 个素材叠加合成

2~3 个素材叠加合成

“绿野仙踪”主题作品

第六讲　“绿野仙踪”主题作品前后期对比

既然要尝试拍摄童话故事《绿野仙踪》这一题材，除了在预先准备道具方面做足功夫之外，在拍摄之前也需要事先踩踩点，选好拍摄的地点。在拍摄的过程中，把想要的画面都拍摄下来，便于后期做些炫酷的画面奉献给大家，互相交流，取长补短。我是后来者，以前连电脑都不会用，唯独对 PS 感兴趣，所以在摄影的路上玩得不亦乐乎。

后期

原片

让我们来对比一下上面这两幅图片，看看做了哪些处理。首先，把模特踩着的凳子去掉了，让她显得腾空；其次，叠加了一个有小动物的图层，与环境相吻合；最后，把色调调成绿色，显得更加清新雅致。就这样，一幅作品简简单单就合成了。

后期

原片

将上面这两张图片放在一起比较，就会明显看出差别（或者说优劣）。原片是在深秋拍的，树叶、野草开始转黄。既然是绿野仙踪，把森林变得郁郁葱葱才比较符合意境。于是我先把颜色调绿，然后叠加了一些小动物，以增加森林的灵动。后期图是不是更美了呢？

又如左边这张后期图，是不是觉得画面很美？蝴蝶仙子在林中悠然地荡着秋千，还有可爱的小动物和奇花异草。再一看下面的原片，美感是不是顿时下降好多呢？

得到后期效果的具体操作为：把人字梯先 P 掉，注意跟腿部接触的地方，P 的时候要小心，最好放大后一点一点地 P；然后羽化边缘，不要被看出边缘有明显的破绽；最后再叠加上小动物的图层，统一色调即可。

后期

原片

上面这张后期图的做法非常简单，在将原片的RAW格式转为JPG格式时，把色温调到3200左右，就能出现上图的效果。然后在模特周围用缩小的笔刷点上萤火虫的星星点点（橘黄色），便大功告成。当然，最后还要结合实际情况给模特液化一下需要液化的部位，如脸、手臂等。

后期

第七讲　棚拍摩托女郎片变动感户外风

与大家分享几张朋友棚拍的摩托女郎照片。朋友让我试着将其 P 成动感户外的风格。于是我将以前在落基山脉拍摄的风光素材作为背景叠加了上去。没想到效果还可以，只是变成了黑白色调。下面两张图片是上图的原片。大家可以动手试试，熟能生巧。

原片

原片

后期

再来看看上面这幅图，风雪满天，大雾弥漫。落基山脉的夏天依然寒气袭人。谁曾料想模特一夜之间从炎热的广州“穿越”到了加拿大，跨度还挺大的。练习 P 图，就要什么画面都敢尝试。倘若是帮商家做广告片，那就要严谨再严谨。

原片

原片

后期

这些合成照片，包括上图，都是我刚学 P 图时的习作。也多亏朋友时不时拿些照片给我练手，才能有后来的不断进步。如果天天墨守成规，不思进取，也就很难脑洞大开，思路不断。有实践才有提高，有提高就有感悟。只有不断总结不足或失败的教训，不怕旁人指指点点，并认准方向，持之以恒，一路走下去，才能走出一条属于自己的路。

原片

原片

刘思国师父的作品展示

本页这 4 张是我师父刘思国的作品，是不是更有商业大片的味道呢？无论是抠图，还是发丝和光源与模特的吻合，又或是摩托车的着光点，都考虑得很周全。毕竟十多年严谨认真的商业摄影和 P 图不是白干的，否则又怎能在商业摄影中立足呢？业有所精，才能立于不败之地。

原片

后期

第八讲　马尔代夫海边美人鱼前后期照片对比

在拍摄美人鱼主题的作品时，如果模特不能在水下潜泳，但又想体现美人鱼在水下的画面，那么 PS 在此时就可以派上用场，如上图所示。

许多作品，没有比较就不知道优劣。只有把前后期照片拿出来晒一晒才会恍然大悟，脑洞大开，原来 P 图这么有学问，摄影可以这样玩，普通照片可以 P 得这么美！

原片

右边这张原片拍摄于马尔代夫黄昏时的海边，在拍摄时打了一盏离机闪光灯，画面也算可以，不经后期也过得去。但喜欢追求完美的我还是为之 P 上了一幅背景素材，使得画面更具艺术感，更有观赏性

后期

后期

有时只需给原片一点小小的修改，并添加哪怕一点小小的装饰，就可使照片立刻增色不少。

原片

左边这两张照片，原片画面稍显暗黄。只需后期调高曝光度，画面和模特的皮肤就能立刻亮起来。再点缀一两个贝壳，画面既简洁又好看

后期

原片

我们是摄影发烧友或者爱好者，无须像专业摄影师拍商业大片那样，一张图要精修几天。我们只需简简单单地掌握一般的 P 图技巧，就可以把照片修得美美的。例如，上面这张原片，只要找一张风光照的素材叠加上去，加上蒙版，擦掉不要的部分就大功告成了，既简单又好看。关键是要有美的想法和简单的 P 图知识。

原片

后期（1）

后期（2）

有的摄影师有娴熟的P图技术，但在审美能力方面有所欠缺，P出来的作品虽然天衣无缝，但怎么看都缺少点美感，引不起观者的共鸣。所以，光会P图也不行，还必须有美学基础，有对美的事物的敏锐感觉，P出来的照片才有市场，才能令人产生欣赏的兴趣。

就像左上方这张原片，画面也算光亮通透，但没有远景，没有意境，怎么看都不是一张值得欣赏的照片。进行了后期处理的两张照片，画面是不是立刻显得景致优美了，无论是纵深感还是开阔度，都大大加强了？P图既可完善画面，也可完善自身。

后期

原片

以我上万个小时的 P 图经验，我想毫无保留地教给大家的不是故弄玄虚的东西，其实只要会电脑，会一点最基本的 P 图常识和技巧，就可以把心中的意境 P 出来，要多美有多美，关键是基本的技巧要熟练，唯美的想法有画面。上面这幅原片，后期也只是叠加了一幅背景素材，用蒙版刷掉了不需要的东西，美美的画面就出来了。学会叠加，会使用蒙版，美就会从画中来，叠加出精彩。

后期

原片

我们经常可以看到一些大师们的后期作品，做得非常精美细致，但程序非常复杂。如果连最基础的 P 图都不会，就无从谈精修。上图 P 出来难吗?并不难。只要熟练掌握了 PS 的基础功能，便能快速 P 出。

劲爆摄影作品欣赏
THE MIRACLES OF PS

第六章

P 出一片天

在这一章里，给大家介绍一些我以前天马行空的摄影加后期的作品，有的青涩，有的成熟，有的不拘一格，亦有的似海市蜃楼般梦幻。目的是开拓大家的视野，不要千篇一律，一成不变。虽然你自己不感到审美疲劳，但别人也许早已熟视无睹了。也许有些人是“以不变应万变”，而对于我来说，却行不通，拍照片从来不喜欢雷同，总喜欢 P 出一片新天地，创作出一幅幅养眼图。虽然有时不是特别严谨，但却喜欢似国画般的写意和随性。

P 图需要丰富的想象力（1）

P 图需要丰富的想象力（2）

第一讲　P 出一片天，需要有丰富的想象力

我们对摄影作品进行艺术再创作的时候，需要有丰富的想象力和执行力。想象力来自灵感，灵感来自阅历，来自对生活的提炼和对美好事物的憧憬与体验。没有生活阅历的人闭门造车，是造不出丰富多彩的艺术作品的，也难以根植于大众的审美情趣，其作品也会使人觉得空洞乏味，难有共鸣。执行力就是实践。

第二讲 P 出一片天，创意作品杂谈

我是个不安分守己、喜欢天马行空的人，在摄影的路上从一开始还不懂摄影就先玩起了 Photoshop，学会了 P 图，然后才慢慢进入摄影的大门。

创意无极限，就看会不会动脑。许多东西只要我们肯动脑，多汲取艺术方面的知识，如多看电影，多读艺术方面的书籍，多看画展，就会有绵绵不断的灵感。我经常跟师父去看电影，看完总有些启发，于是又不安分起来，捣鼓一些摄影画面，将之 P 得像好莱坞大片一样。

上面这幅图的原片是我还没学摄影时，于 2006 年随我的学生 Mandy 去南非开普敦的桌山时用傻瓜相机抓拍的照片。几年前学 PS 时竟然异想天开地将之修成了这样，把海边拍照的她 P 到了高山巅上，还 P 了一个“大蛋黄”。我就喜欢用旧照片来练习 PS 技术

展开大胆想象的 P 图作品展示

譬如，本页这几幅作品都是我自己的异想天开、奇思妙想，把拍的照片搭上太阳和月亮等素材，进行艺术再加工，变成了天方夜谭般的梦幻画面，亦真亦假。P 图，必须经过大量的、不同艺术的操作实践，才能做到熟能生巧、妙手生花，才能挖掘自己的潜能。

从海边来到山巅

从棚拍来到火炬顶尖

从棚拍来到体育馆的圆顶

偷梁换柱、移花接木是我的拿手好戏，例如上面几幅“移花接木”的作品。反正又不参加任何比赛，也不投稿，就喜欢玩我自己的PS。人生的最高境界是无欲无求，享有自由。这么简单的道理又有多少人能够做到呢？放下身段不容易，放下欲望更不容易。

第三讲　P 出一片浪漫唯美的意境

人无浪漫无趣。在摄影的过程中，倘若天天都是拍摄实打实的画面，不做任何后期，那么艺术性和趣味性将大大降低，那是纪实，纪实要求真切。富有艺术感和想象力的摄影作品，犹如好莱坞的电影大片，可天马行空，人虽不会飞，却可腾云驾雾；人虽无真实功夫，但可打遍天下无敌手。

浪漫唯美的影视画面给人以愉悦之感，如下面几幅后期作品所示。多几分欣赏，少一点吐槽。我们不是圣人，但我们可以有一颗浪漫的心，让美的愿望实践在浪漫的摄影作品中，以达到自我品位的升华。

浪漫唯美意境作品展示

第四讲　心中有意境，画面P出来

许多时候我们是因为心中没有意境，也不知道照片可以这样玩，所以一般只能将就出片。

在参加的学习班里，我曾经给学友讲过怎样换背景图层，怎么将废片救活变成“大片”，结果让大家学“坏”了，P图P得不亦乐乎，不过还真玩出了“高大上”的作品来。下图是我平日练手时的作品。

后期

原片

第五讲　P 到熟练便成精

左下方这幅后期图，你知道叠加了多少个素材图层吗？6 个图层才合成了这幅“黛玉葬花图”。原本模特的手里也只拿着一个扫把柄而已，其余的全部都是后期 P 出来的。P 到熟练便成精。

工笔画后期作品（1）

没有什么不可能，就看你会不会玩。会玩也是基于扎实的基本功——摄影的基本功、后期 PS 技能的基本功、美学细胞的基本功，虽看天赋，但更多的是靠后天习得，一分耕耘一分收获。譬如本页这两幅工笔画后期作品，虽然青涩，但毕竟这是我第一次把从师父那里学来的 PS 技能用到了作品中，把棚拍的古装画面合成到了素材中。每一幅画面都由几个不同的素材合成。

工笔画后期作品（2）

甚至还可以混搭，非洲大草原的雄狮搭上俄罗斯的美女；把室内的私房照做成破裂的石膏像风格；棚拍古装侍女搭上国画或工笔画的背景，融摄影、绘画、创意和P图为一体，创作出自己独一无二的作品，如下面几幅图所示。

各种混搭元素后期作品展示

后期

又如左侧这幅图，在经历了脑洞大开的 P 图之后，原来的照片风格完全改变了，由记录式拍照变成了后期的作画，画风大改，一反常态。这样做为的是检验自己的 PS 水平到了哪个程度，有没有忘记学过的知识。

把人物抠出来，放到背景图层中，再一点一滴地叠加出心中的意境和画卷，在不知不觉中，一幅用心的习作就产生了，本来想再学画意摄影的，却因故无法成行。只能自己摸着石头过河，玩自己的风格，不求精尖，只求多变，林林总总，不拘一格。

原片

第六讲　P、P、P，P 出双胞胎

为了运用好 PS 的技巧，我在师父的指导下玩起了叠加合成的技巧，通过将两张不同的照片叠加在一起，然后再用蒙版仔细地擦掉不需要的部分，保留需要的人体动作。

这张照片是练习填充内容识别时歪打正着作出来的作品

第七讲　把普通照片 P 出杂志封面感

没有比较就发现不了优劣。在本页两张照片中，下图是后期创作的作品，模仿杂志封面，右图是原片。在原片的基础上进行二次构图和将其 P 成大片是玩 PS 的摄影师常干的事。

原片

后期

例如上面这张图，是我模仿杂志封面 P 成的作品，以尝试摄影艺术的多样性。

第八讲
P出一片天，年龄不是坎

人的年纪虽然会越来越大，但心态一定要保持年轻，一个健康、积极的心态比吃补药还要管用。本页这几张图是我刚玩摄影还不会Photoshop时用美图秀秀做的图，图中这个模特还是我第一次参加橡树摄影网年会组织的外拍活动时拍的第一个模特，如今她已晋升为辣妈！时不待人，我们趁“年轻”，做自己想做的事，拍自己想拍的人。

初玩摄影时的习作

第九讲

P 出一片天，尝新不能断

摄影作品要追求不断创新和变化，不要总是拍同一题材和场景，这样才会令你的摄影集内容丰富，题材广泛，应有尽有。别人在观赏你的作品集或浏览朋友圈里的作品时，就会觉得像看杂志一样页页不同，日日翻新，而不是单调乏味，无甚可看。

初学调色摄影后期习作

由于天生“不安分守己”，总喜欢挑战新鲜事物，因此，我一有空就坐在电脑前打开 Photoshop，开始挖空心思想 P 图。要么捣鼓拼图，要么合成照片，要么抠几张照片用来移花接木，要么捣鼓色调，把红玫瑰变成蓝玫瑰……每天都在练习各种各样的 P 图，让自己玩个痛快，目的就是 P 出一片天。上面几幅图是我初学调色时的摄影后期习作，同一组照片尝试了多种色调。不断地尝新，让我快速进步。

复古色调作品

第十讲　P 出一片天，色调换新颜

除了别出心裁、天马行空的创意之外，稍微在照片上做一些色调的微调，也总比天天使用数码相机的原色好。同一种照片看多了会产生审美疲劳，同一色调出现多了也会觉得单调。

后期合成图

第十一讲　P出一片天，电影海报更加炫

由于看了《美国队长》这部好莱坞大片，因此我用下面4张素材合成了上图的《美国队长》电影海报，纯属练习之作，大家看看边缘过渡有破绽吗？要认真看，看看我是怎么合成的，男主角的头是怎么由两个变一个的。

素材

素材

素材

素材

第十二讲　P 出一片天，创作新意境美炸天

几个摄影朋友到我家里，想让我演示一下怎么叠加照片，如何创作出新的意境。下面这几张后期作品便是在朋友的眼皮子底下迅速叠加出来的，三五分钟即可搞定。

原片

后期（1）

后期（2）

后期（3）

后期（4）

原片

后期

第十三讲　P 出一片天，创意需源泉

创意不是“空中楼阁”，创意来自生活和知识的沉淀；没有足够的生活历练，没有敏锐的眼光和丰富的艺术细胞，我们无法对普通照片产生创意，进行再创作，只能拍成什么是什么。

第十四讲
P出一片天，废弃水泥厂拍大片闹翻天

没有什么不可能，只有僵化的脑袋很可怜。只要心中有故事，脑中有根弦，又懂PS技术，就能天马行空闹翻天，P出战争场面美炸天。下面的后期图即将一张毫不起眼的照片做成了大片。

后期

原片

随着下面这张精彩的摄影后期作品，这本PS实战书就要接近尾声，林林总总，琳琅满目，目的就是让你在欣赏作品的同时，不经意间进入一个谜一般的P图王国，感染你的心情，提起你的兴趣，增强你的自信心。

我一个60多岁的老者，也能把PS玩得游刃有余，比我年轻得多的晚生，又怎可对PS望而生畏，埋没了自己的才能呢？

原片

后期

希望我的摄影理念，我的天马行空，我的孜孜不倦，能给你带来一身的“武艺”，一生的受益，从而在摄影与PS的路上越走越宽，永不言败！

倘若哪一天你看了我的书，观赏了我的PS视频，并按着步骤进行反复操作，总有一天你会脱胎换骨，破茧成蝶！